MARIANNE BEUCHERT/MARION NICKIG

VON LILIEN BEZAUBERT MIT ROSEN VERFÜHRT

ZWÖLF BLUMENPORTRÄTS

DIEDERICHS

Mit 14 Farbfotos
Der Abdruck von acht dieser Fotos erfolgte mit freundlicher Genehmigung des FAZ-Magazins

Marianne Beuchert,
Frankfurter Floristin und Gärtnerin aus Leidenschaft,
erhielt den Buchpreis der Deutschen Gartenbau-Gesellschaft
für »Sträuße aus meinem Garten« (3 Auflagen);
ist auch bekannt durch ihr Standardwerk »Die Gärten Chinas«
und durch den Transfer des ersten chinesischen Landschaftsgartens
zur IGA 83 in München. Beriet Rosenthal-Thomas
für das Vasen-Design »Die Blumengerechten«.

Marion Nickig,
freiberufliche Fotografin und Designerin aus Essen,
studierte bei Willy Fleckhaus,
schuf das Layout zu Beucherts »Die Gärten Chinas«
und machte sich mit Pflanzen-, Garten- und Naturstudien
beim »FAZ-Magazin« einen Namen.
Sie arbeitet auch für »Harper's Bazaar«.

CIP-Kurztitelaufnahme der Deutschen Bibliothek
Beuchert, Marianne:
Von Lilien bezaubert, mit Rosen verführt:
12 Blumenportr. / Marianne Beuchert; Marion Nickig.
1. Aufl. - Köln: Diederichs, 1985.
ISBN 3-424-00845-1
NE: Nickig, Marion:

1. Auflage 1985

Einbandentwurf und Layout: Marion Nickig, Essen
Satz: Fotosatz Böhm, Köln
Lithographie: Miess & Voswinkel, Köln
Druck und Bindung: Passavia Druckerei GmbH, Passau
ISBN 3-424-00845-1

INHALT

KROKUS

Die graue Stadt am grauen Meer hat einen Schatz: Millionen Krokus. Niemand weiß wirklich, wer einst begann, den schönsten Teppich Europas in Husum auszubreiten, sicher ist nur: er wächst und wächst. Die Husumer behaupten, Graue Mönche hätten im fünfzehnten Jahrhundert Krokus in ihren Küchengarten gebracht, die Mönche hätten mit den getrockneten Narben der Krokus ihre Ritualgewänder färben wollen. Doch entweder erhielten die Mönche eine Falschlieferung von ihrem Zwiebelhändler oder sie planten mit falschem Safran graue Geschäfte in der grauen Stadt, obwohl das in der damaligen Zeit lebensgefährlich war. 1444 wurde der Nürnberger Safran-Inspektor Jobst Findeker zusammen mit seinen getrockneten Fälschungen auf dem Scheiterhaufen verbrannt, zwölf Jahre später wurden eine Frau und zwei Männer wegen des gleichen Deliktes dem Feuertod übergeben. Einige Jahrzehnte danach galt es nicht mehr als so verbrecherisch, Safran mit Färberdisteln, Ringelblumen oder Mennige zu verlängern. Das Interesse an diesem Wundermittel, an seinem Duft und seiner Farbkraft ließ nach dreitausend Jahren plötzlich nach, die Preise fielen rapid. Niemand dachte mehr daran, eine Unze Gold für eine Unze Safran zu bezahlen.

Homer hatte Safrankrokus, Hyazinthen und Veilchen unter dem Hochzeitslager von Zeus und Hera sprießen lassen. Bis ins Mittelalter hielt sich die Meinung, daß der aus den langen, dreizipfeligen Narben des Crocus sativus gewonnene Safran die Eigenschaft habe, die »sinnliche Begierde der Weibsleut anzustacheln«. Zeus war offenbar so überzeugt, den Erfolg bei Hera nicht zuletzt dem Safranduft zu danken, daß er später auf keines seiner Liebesabenteuer ausging, ohne sich zuvor mit Safran zu parfümieren.

Die Geschichte des Safrankrokus als Nutzpflanze reicht bis in den assyrisch-babylonischen Kulturkreis zurück. Die Phönizier sollen einen Teil ihres Reichtums dem Safranhandel verdanken. Hekate, die dreiköpfige erste Gärtnerin, zog fleißig Safran. Man nutze ihn in Griechenland auch bei der Totenverbrennung, war das Goldgelb seiner Narben doch neben dem Purpur die Farbe des Lichtes und der Majestät, aber auch ein Versprechen der Wiederkehr. Persephone pflückte Krokus, als Hades sie raubte - trotzdem wurden Krokus die Lieblingsblumen der vom Schmerz über den Verlust der Tochter tief gebeugten Mutter Demeter. Immer war Safran teuer, denn fast hunderttausend Blütennarben sind notwendig, um ein Kilogramm reines Substrat zu erzeugen. Dioskorides mußte schon über Fälschungen klagen. Am leichtesten sei die Echtheit am Duft zu erkennen, denn Safran sei die einzige wirklich gut riechende Sache auf der Welt.

Die Römer, immer bereit, ihre bewunderten griechischen Vorbilder zu übertreffen, ließen in ihren Mythen gleich auf allen Liebeslagern von Juno und Jupiter Krokus wachsen - womit seine Verbreitung im

Crocus heuffelianus

Süden des Landes rasch erklärt war. »Crocus überglänzte die Berge wie Schnee ...« Die verschiedenen Kräfte des Safrans als Liebesmittel, Aroma, Duft, Lebensmittelfarbstoff, ließen ihn zum wichtigsten Gewürz römischer Chefköche avancieren. Der Schmuck der Tafeln, Säle und Gäste mit Krokus galt als glückverheißend für eine Orgie, zu der in Rom möglichst jedes Gastmahl sich steigern sollte. Vor allem die Hetären saßen auf safrangepolsterten Kissen. Petronius erzählt, daß beim Gastmahl des Trimalchion Kuchen serviert wurden, die bei der ersten Berührung platzten, um flüssigen Safran herausquellen zu lassen. Dioskorides sagt, daß drei Drachmen Safran einen Menschen töten könnten, der aber sterbe »lachenden Munds«.

Im nördlichen Europa blieb Safran lange unbekannt. Nur aus Südengland weiß man, daß ihn die Römer dort kultivierten. Germanien war ihnen zu kalt dafür. Erst durch die Mauren kam er nach Spanien, mit den Kreuzrittern überschritt er die Alpenkette. Sein Ruf als Liebesmittel war ihm schon lange vorausgeeilt. Rasch faßte der Anbau bei Kleinbauern in Weinlagen Fuß, vor allem Niederösterreich wurde, neben Südengland, Frankreich und Spanien, zu einem wichtigen Anbaugebiet.

Mit dem Safrankrokus kamen auch seine Krankheiten, Pilze, Schadinsekten nach Nordeuropa, deren Bekämpfung man schon in Rom ganze Bände Spezialliteratur gewidmet hatte. Sollte der Safran gedeihen, mußten sich Fachkräfte um die schwierige Monokultur, um das Ernten und Trocknen kümmern. Dieses alte Kulturkind, von dem mittlerweile niemand mehr wußte, wo eigentlich seine Heimat war, mußte verwöhnt werden wie eine Diva. Doch solch jahrtausendelang behütetes Luxusleben verdirbt. Die kleinen Zwiebelpflanzen, die alle ihre wichtigen pflanzlichen Wirkstoffe in dem weiblichen Teil, der Narbe, versammeln (ein Unikum in der Pflanzenwelt), verloren durch die menschliche Kultur eines: die Fähigkeit, sich geschlechtlich zu vermehren. Die Narbe war nur noch Farbstoff- und Duftträger. Vermutlich (es wäre schön, es genau nachweisen zu können) ließ das Interesse der Menschen am Safran nach, als sie erkannten, daß ihm eine geschlechtliche Vermehrung nicht mehr möglich war, daß dieser Krokus sich sein Überleben nur durch Knollenteilung sicherte.

Niemand fragte mehr nach dem strengen Gesetz gegen Safranbetrug, keine Mutter legte mehr, wie Alkmene den Herakles, auf safrangelbe Windeln, damit er Kraft gewönne, kein Mann mehr mischte seiner Angebeteten in den Liebes-Zaubertrunk aus Bergmäusen, Schwalbennestern, Drachenblut, Myrte, Aloe und Opium auch den Safran dazu. Sein Altersschicksal blieb die Backzutat.

Wenn wirklich Graue Mönche die Krokuszwiebeln pflanzten in der Hoffnung, echten Safran zu ernten, dann wußten sie nichts von einer seiner wichtigsten Lebensgewohnheiten, die zu erkennen keine großen botanischen Kenntnisse nötig sind: Der Safrankrokus blüht im Herbst, im September oder Anfang Oktober - die Krokus von Husum erst im Frühling. Die gleiche Art, die einige ihrer Kinder im Herbst, andere im Frühling blühen läßt, mußte natürlich zu einer Mythenbildung der Wiederkehr führen.

Der im östlichen Europa beheimatete Crocus heuffelianus, der in Husum je nach der Strenge des Winters zwischen Mitte März und Mitte April erblüht, unterscheidet sich von seinem herbstlichen Bruder noch in einer ganz grundsätzlichen Frage: Seine Vermehrung ist nur über Samen möglich. Immer wieder versuchen Husumer und andere Besucher des Parks, überwältigt von der blühenden Schönheit, sich heimlich Zwiebeln zu stehlen. Doch die wachsen im Garten nicht weiter. Aus dem ursprünglich kleinen Bestand des mönchischen Küchengartens sind mittlerweile auf etwa sechs Hektar Fläche fünf Millionen Krokus entstanden. Der einst kleine klösterliche Garten ging auf in einem herrschaftlichen Park, der durch holländische Garten-Architekten geometrisch angelegt wurde. Bei der großen Flutkatastrophe von 1634 war auch im Gebiet des Schlosses »Land unter« - die Krokus haben es überlebt. Vermutlich ist die Umgestaltung zu einem landschaftlichen Park erst um die Jahrhundertwende erfolgt.

Unter der Erde lebt eine Krokusknolle drei Jahre. Im ersten Jahr, Ende Juli, werden unter der Schale Knospen angelegt, die erst zwölf Monate später deutlich als der Mutter aufsitzende Brut sichtbar werden. Diese jungen Knollen blühen im Frühling ihres dritten Lebensjahres zum ersten Mal. So lange hat die Mutterknolle sie ernährt, die nun nach ihrer letzten Blüte langsam abstirbt, im folgenden März wird man keinen Rest mehr von ihr finden.

Krokus sind sehr tolerant gegenüber dem Boden, am freudigsten wachsen sie allerdings an Plätzen, die ihnen im Sommer eine rechte Backofenhitze bescheren. Manche Sorten sind unempfindlich gegen den Wurzeldruck von Gehölzen und Kräutern, andere weniger.

Seit etwa 350 Jahren sind die verschiedenen, im Mittelmeerraum heimischen Krokus Favoriten unserer Gärten. Meist sind es kleine Nester, gar nicht vergleichbar dem Segen von Husum. Oft machen sie den Gärtnern Kummer, denn seit etwa vierzig Jahren haben sie kräftige Feinde gefunden: die Amseln. Niemand weiß recht, warum, aber sobald die Blüten sich aus ihrer einem Seidenpapier ähnlichen Hülle schieben, sind die Amseln da und zerhacken die Blumen. Erst waren es nur die gelben Blüten, welche die Amseln anlockten und erregten, längst aber werden auch in meinem Garten alle Farbschattierungen attackiert.

Hilfe ist nur, wenn die sieben Sommertage, die der März uns schuldet, anbrechen; dann sprießen die Krokus in solchen Mengen hervor, daß die Amseln vor diesem Blütenmeer kapitulieren.

NARZISSEN

Sünde ist es, an einem herrlichen Vorfrühlingstag die Feder in die Hand zu nehmen, statt Erde gärtnernd durch die Finger gleiten zu lassen. Aber da ist auch die Lust, die Freude zu teilen, bekanntzumachen, daß im Frankfurter Palmengarten in leiser Verführung im Laufe einiger Jahre von Bruno Müller die größte Narzissensammlung auf dem Kontinent gepflanzt wurde und in schierer Überfülle in diesen Tagen und Wochen blüht. Seit mehr als fünfundzwanzig Jahren gibt der heute stellvertretende Direktor des Palmengartens seine besondere Liebe und Aufmerksamkeit diesen Zwiebelgewächsen, vierhundert Sorten sind auf den Wiesen, in den Staudenrabatten und auf den Sichtungsbeeten gepflanzt. Fast ohne Ausnahme sind es Züchtungen englischer, irischer und amerikanischer Gärtner und Liebhaber. Wie viele Blüten man im Palmengarten bewundern kann, weiß der große Gärtner selbst nicht zu sagen. Sind es Hunderttausende, mehr als eine Million? Jedes Jahr wechselt das Bild. Da gibt es zum Beispiel die ungewöhnliche Sorte »Baby Doll«. Wo man vor fünf Jahren eine Zwiebel legte, blühen jetzt fünfzig oder siebzig Stiele. Die kleine Dame ist so vermehrungsfreudig, daß sie ihre Betreuer jeden Frühling aufs neue verblüfft mit ihrem üppigen Blühen. Andere sind nach kalten Wintern plötzlich verschwunden, man findet nicht eine Spur mehr von ihnen. Denn lange nicht alles, was man von fernher an Zwiebeln mitbringt, ist willig, jeden unserer Winter zu ertragen; denn ihre Heimat ist die Mediterranée.

Wie eine farbig blühende Girlande umschlingen die Wildarten seine Küsten und Inseln - den Narzissen ist es wahrhaft ein Mare nostrum. Die gelben Osterglocken sind am weitesten westlich beheimatet, in Spanien und Portugal, während die betäubend duftenden Jonquillen, Tazetten und Dichternarzissen vom östlichen Meeresrand kommen. Die Dichternarzissen findet man ebenso in den Schweizer Bergen, in der Steiermark und Südtirol. Wie frisch gefallener Schnee überblühen sie im Juni Bergwiesen und hoch gelegene Moore. Offenbar sind die Dichternarzissen im Alpenraum nicht ursprünglich heimisch, sie haben hier nur ihr »Flüchtlingslager«. Plinius sagte noch, daß sie in Griechenland weit verbreitet seien - aber die radikale Abholzung der Gebirge, erst durch Römer, dann durch Venezianer, änderte den Wasserhaushalt des Gebietes, die Quellen versiegten, mit den lieblichen Hainen verschwanden die frischen, saftigen Waldwiesen, verloren die Narzissen ihre Lebensgrundlage. Eine andere, eine Gesteins- und Dürreflora mußte sich Griechenland erobern, die Dichternarzissen hatten sich rechtzeitig in den mitteleuropäischen Alpen eine Enklave gesucht, in der sie überlebten.

Ist die Welt der Tulpen der Osten, so ist die Heimat der Narzissen der westliche Kulturraum. Beide sind

Narcissus pseudonarcissus »Mulatto«

sie gewandert, die Tulpe nach Westen, die Narzisse nach Osten, ihre Ströme kreuzten sich in der islamischen Welt, die sie in Malerei und Poesie verherrlichte. Der Prophet Mohammed sagt: »Wenn du zwei Brote hast, so verkaufe eines davon und kaufe dir dafür Narzissen, denn das Brot nährt deinen Körper, die Narzissen aber nähren deine Seele.« Die Blütenformen der am östlichen Mittelmeer heimischen Narzissen haben meist ein kurzes Krönchen in einem Blütenblätterkranz, der dieses wie ein Auge birgt. Vielfältig werden sie deshalb als Metapher für das Erkennen irdischer und himmlischer Liebe genützt. Der Dichter Ghalib meint, daß die Narzissen geschaffen wurden, um als »Auge des Gartens« die Schönheit von Rose und Gras zu sehen. In einem Brautgedicht sagt der Türke Fuzulis: »Jede Narzisse hat ein goldgefülltes Silbertablett gebracht, um es in deinem Rosengarten auszustreuen.«

Die Romantik übernahm in zarten Ansätzen die Blumensprache Asiens, dort kam den duftenden Narzissen fast immer die scheue, bräutliche Werbung zu: »Nur eine edle Seele versteht es, edle Seelen anzuziehen und festzuhalten« oder »Bitte tue mir kein Unrecht«, während der gelben Osterglocke meist weniger freundliche Formulierungen zugedacht sind: »Du bist stolz ohne Verdienste« oder »Deine Eigenliebe ist grenzenlos«, so daß man annehmen sollte, daß diese dem so weit verbreiteten psychologischen Krankheitsbild des Narzißmus den Namen gab.

In China nennt man Narzissen in wörtlicher Übersetzung »Wasser Fee«. Sie sind die Orakelblumen für das Neue Jahr. Selbst in den einfachsten Familien werden rechtzeitig vor dem chinesischen Neujahrsfest, das nach dem Mondkalender gefeiert wird, etwa Anfang bis Mitte Februar des gregorianischen Kalenders, in eine Schale mit Kieselsteinen Tazettenzwiebeln zum Treiben aufgesetzt. Nur wenn sie pünktlich zum neuen Jahr blühen und jede Zwiebel mehrere Stiele der duftenden weißen Blütenbüschel bildet, hat die Familie ein gutes Jahr zu erwarten. In chinesischen Antiquitätengeschäften findet man noch Legionen solcher, meist rechteckiger Porzellanschalen für die Neujahrsnarzissen, mit den verschiedensten Glückssymbolen geziert. Vertrautere chinesische Freunde erzählen, wie sie während der Kulturrevolution alle ihre Blumenschalen zerschlugen und in der Erde vergruben oder nach und nach in Abfalleimern beseitigten, um nicht als »bürgerlich« zu gelten.

Schon Pflanzenbücher der Renaissance beschreiben Narzissen, doch da ihr medizinischer Wert immer umstritten war, wurde ihnen die rechte Aufmerksamkeit erst gegeben, als Blumenrabatten um Schlösser und Paläste entstanden, als erste zaghafte Versuche bürgerlicher Stadtgärten in Augsburg, Frankfurt, Paris und London gewagt wurden. Nach England waren Narzissen schon durch römische Soldaten verbracht worden, in einigen Gegenden sind sie als Gartenflüchtlinge ausgewildert; doch erst der steigende Reichtum der Kolonialmacht Britannien erlaubte einer größeren Anzahl Adliger, aber auch Bürgerlicher, ihrer Gartenleidenschaft zu frönen, größere Summen für Anlage und Erhaltung reiner Lustgärten aufzuwenden. Die Narzissen wurden gleich den Rosen und Rhododendren zu englischen Lieblingsblumen - und sie sind es, über alle Zeiten und Modelaunen hinweg, bis heute geblieben. Offenbar hat auch die Freude, vorgefundene Pflanzen durch bewußte Kreuzung zu verändern, in England bei Narzissen viel früher begonnen, als man allgemein annimmt. Die erste Nachricht kommt 1724 von einem Spötter, der sich darüber lustig macht, daß Menschen sich beim Narzissenzüchten einer Arbeit hingäben, deren Ergebnis man erst nach fünf Jahren sähe. So lange brauchen die Sämlinge, bis sie zum ersten Male blühen.

Erst in viktorianischer Zeit wandelten einige Liebhaber ihr Hobby zum Beruf, wurden aus Pflanzen züchtenden Landlords echte Gärtner.

Eine wichtige Figur in dieser bis heute an Originalen wahrhaftig nicht armen Geschichte des englischen Daffodil-Fiebers ist ein Pfarrer, William Herbert, Superintendent von Manchester, ursprünglich Kaufmann, dann außer Kirchenmann auch noch Poet, Mitglied des Parlaments Ihrer britischen Majestät und »a great lover of daffodils«. 1837 veröffentlichte er ein Buch »Amaryllidaceen«, zu deren Familie die Narzissen gehören, in dem er mit großer Eloquenz seinen Landsleuten auseinandersetzte, weshalb, warum und wie Narzissen zu kreuzen seien. Von seinen Züchtungen blieb nichts erhalten, doch schon seine Schüler William Backhouse und Edward Leeds, Bankbeamter der eine, Börsenmakler der andere, erzielten Sorten, die noch heute im Handel sind, obwohl die bei der Royal Horticultural Society geführte »Classified List of Daffodil Names« jetzt mehr als zehntausend Namenssorten erhält.

Manche Neuheiten bekommen bei den Prüfungen, die jeden Frühling in London stattfinden, bis zu sechs Wertzeugnisse und erscheinen doch niemals in deutschen Gärten oder werden einem größeren Interessentenkreis bekannt. Warum?

Liebhaber-Züchter sagen, es sei fast schwerer, eine erstklassige neue Sorte bekanntzumachen, als sie zu züchten. Es gehören Beziehungen zu großzügigen Gärtnereien dazu, die bereit sind, die besonderen Vermehrungsgegebenheiten einer Sorte zu erforschen, sie durch entsprechende Kataloge und Presseveröffentlichungen zu forcieren, generös die Zwiebeln einer neuen Sorte Gartenschauen zur Verfügung zu stellen, Käufer zu begeistern. Es ist ein langer, harter Weg, den man sich nicht vorstellen kann, wenn man im März als Deutsche eine Sichtungs- und Bewertungsschau der Royal Horticultural Society am St. Vincent Place in London besucht. Mit einiger Verwunderung hatten mein geehrter Freund aus Peking, den ich begleiten durfte, und ich am Vortag die uns mit geheimnisvoll feierlicher Wichtigkeit übergebenen Eintrittskarten entgegengenommen. Doch als das Taxi uns am nächsten Morgen um elf Uhr zum Show-Beginn an St. Vincent auslud, da standen mitten in der Woche schon viele, viele Menschen in Dreierreihen in einer einige hundert Meter langen Schlange an. Wenn man diese Menschen aufmerksam betrachtete, so schienen sie mir wie ein Querschnitt durch das britische Empire. Rotblonde Jungen in Jeans warteten neben Inderinnen im goldgestickten blauen Sari, ein älterer Herr, die Beine in gestreiften Hosen, den Kopf mit einer Melone bedeckt, führte eine grauhaarige Lady mit einem zartlila Schleierhütchen, neben beiden wartete ein Dienerpaar, während ganz in der Nähe dieser Gruppe rosarote rundliche Rentnerinnen standen, aus dem Norden der Stadt angereist. Der smarte braungebrannte Jüngling der Londoner Schickeria war zusammen mit einem Herrn, dessen Aussehen darauf deutete, daß er dem Rotwein mindestens ebenso zugetan war wie den Narzissen.

Ein hilfsbereiter Engländer sah die anders gefärbten Karten in unseren Händen und zeigte uns den Weg zum Ehreneingang, vorbehalten der königlichen Familie und dem Preisgericht, so daß wir, ohne zu warten, mit den ersten Besuchern in Ruhe die jeweils einzeln in einem Glasfläschchen aufgestellten Wunderblumen bestaunen konnten. Sorgfältig waren sie mit Nummern gekennzeichnet, ihr Stammbaum wie bei einem Zuchthengst ausgewiesen. Die feierlich ernsten Gesichter der Besucher zeigten uns sofort, daß wir uns unter Kennern befanden und entsprechend zu benehmen hatten. Für diese Enthusiasten gibt es bei einer solchen Schau nichts zu lachen, sie bringt harte und energische Auseinandersetzungen mit sich, was gut sei und deshalb teuer, bis zu hundert Pfund für eine Zwiebel. Schnell hatten wir heraus, daß es Spezialisten für kleine und große, für langkronige und kurzkronige Narzissen gibt, andere, die sich mit Winzlingen befassen, oder solche, die nur Wildformen kultivieren und sammeln, obwohl dies das Schwierigste ist. Die unschuldige Schönheit der Wildformen ging nämlich in den Jahrtausenden des Zusammenlebens mit den Menschen verloren. Wir haben seit langen Zeiten die Narzissen domestiziert wie Hunde, Schafe, Katzen und Schweine, obwohl sie ohne jede Nützlichkeit für den Menschen sind - es sei denn, »sie nähren seine Seele«.

Zuchtziele sind völlige Winterhärte, Harmonie in der Blütenform zwischen Krönchen und Kronblättern ebenso wie zwischen Blüte,

Stiellänge und Laub sowie längere Blühdauer. Ein anderer Wunsch ist, daß die Blüten den Betrachter weitgehend ansehen, »damit das Auge leuchtet«.

Duften sollen in Zukunft alle Narzissen. Tatsächlich hat die Arbeit der Züchter im Laufe der vergangenen zweihundertfünfzig Jahre aus südländischen Primadonnen genügsame, gutmütige und gesellige Gartenbewohner gemacht. Da sie nicht von Wühlmäusen gefressen werden, kann man viele Jahrzehnte Freude an ihnen haben, wenn man ihnen einen sonnigen bis leicht schattigen Platz im Garten gibt und geduldig das völlige Abreifen der Blätter erwartet und diese erst entfernt, wenn sie verbräunen, denn in dieser Phase legt die Zwiebel die Blütenknospen für das folgende Jahr an.

Trotzdem gibt es viel zu streiten bei Narzissen. So haben die Experten, obwohl man die Narzissen 1950 in zwölf Klassen einteilte, sich noch nicht einigen können, wie viele Wildformen es eigentlich gibt, ja nicht einmal, woher der Name kommt, konnte bisher einwandfrei geklärt werden. Kommt er vom griechischen narkao (ich erstarre), da die Furien den Narzissenduft dazu nutzten, ihr Opfer wehrlos zu machen? Oder stimmt die immer wieder erzählte Geschichte, die ich auch in dem 1715 in Leipzig bei Johann Ludwig Gleditsch erschienenen Buch »Historischer und verständiger Blumen-Gärtner« fand: »Es ist eine gute Zeit, daß die Nymphe Echo den Narcissus verfolget, und seine Liebe gesuchet; als sie aber endlich drüber ungedultig worden, daß es ihr nicht gelingen wolte, ward sie deswegen dermassen dürre und hager, daß sie beinahe keiner Weibsperson mehr ähnlich sahe, sondern nur die Stimme von ihr übrig bliebe, darein sie endlich gar verwandelt worden. Narcissus war ein schöner junger Kerl, an dem die Natur nichts vergessen was liebreitzend; dieweil nun seine Gestalt immer mehr zunahme, begab sichs einst von ungefehr, daß er sich bey einem ungemein hell und klaren Brunnen fand. Er war müde worden, und setzte sich auf die Knie, das Wasser zu geniessen, und ward so fast bestürtzt, als er sein Angesicht darinne erblickte. Er examinirete sich selbst, betrachtete sich von oben bis unten, er gefiel sich selbst, und verliebte sich in sich selbst dermassen, daß, da er vermeinete, es gäbe keine Schönheit seines gleichen, er darüber in solch Betrübnüss geriethe, daß er endlich gar gestorben. Da dann die Götter aus Erbarmung über seinen Unstern, ihn in diejenige Blume verwandelten, die seinen Namen führet.«

Ein Erbarmen der Götter muß es wohl gewesen sein, denn Strafe ist es doch nicht, wenn man durch seinen Namen die Zeiten überdauert, unsterblicher als Blume denn die Götter Griechenlands.

Veilchen

»Nichts ist süßer als geheime Liebe«, sagt in der Blumensprache das Veilchen. Es ist das Symbol des Verborgenen, stiller Bescheidenheit, innigen Hoffens. Doch besonders viele ehrgeizige Menschen mit dem Drang nach weltweiter Geltung haben sich Veilchen zu Lieblingsblumen gewählt. Der Fuß der Schäferin ging »mit leichtem Schritt und munterem Sinn« achtlos an ihnen vorüber. In den Volksliedern fehlt es ganz. Könige allein trugen veilchenpurpurfarbene Kleider.

Die Dichter haben es beachtet, Cicero und Virgil in Rom, Homer, Pindar, Plato in Griechenland, die Troubadoure, Hans Sachs; für Rousseau standen sie an erster Stelle der Blumenschönheiten. Goethe, Hermann Hesse und Napoleon waren sie Liebessymbol, Kaiser Wilhelm I. ließ sich den ganzen Winter hindurch sein Frühstückstablett mit einer Veilchengirlande schmücken, und Churchill fand, sie »entsprächen seiner Bescheidenheit«.

Die Götter haben sich seiner erfreut und die Propheten – Jupiter ließ der geliebten Kuh Jo Veilchen zum Dessert wachsen, die Göttin Proserpina pflückte sie mit Narzissen und Krokus, als sie in den Hades geraubt wurde, und Mohammed sagt: »Die Herrlichkeit der Veilchen ist wie die Herrlichkeit des Islam über alle Religionen.« Das Athen des Altertums nannte sich die »Veilchenbekränzte Stadt«. Immer waren sie die Blumen der Auferstehung, Verkünderin der Wiederkehr von Leben und Liebe. »Rosenprophet« heißen sie in der islamischen Welt und oft werden sie vor allem in der Poesie gemeinsam mit den Rosen zitiert. Das Veilchen als Liebesahnung, die Rose als deren Erfüllung. Es ist die Blume »der ersten Liebe goldene Zeit«, die Trübsinn und Schmerzen heilt nach der Bitternis des Winters.

Attis, ein kleinasiatischer Gott aus Phrygien, entmannte sich in Raserei selbst. Nach seinem Tod wurde er in eine Kiefer verwandelt, aus seinem Blut entsprossen Veilchen. Seine Anhänger fällten jedes Jahr im Vorfrühling eine mächtige Kiefer, bedeckten sie ganz mit Veilchenblüten und beerdigten sie. Am dritten Tag danach verkündeten Priester seine Auferstehung und den Sieg des Frühlings.

Auf Kreuzigungsbildern blühen Veilchen oft im Schatten des sterbenden Jesus. Ohne Veilchen sind die Himmelswiesen christlicher Tafelmalerei fast undenkbar. Sie zieren die Teppiche der Dame mit dem Einhorn, wie das Paradiesgärtlein des oberrheinischen Meisters.

Viele Schauspielerinnen nahmen sie zu Lieblingsblumen, seitdem eine Kollegin des 18. Jahrhunderts, Mademoiselle Clairon, sich so an Veilchen begeisterte, daß einer ihrer Verehrer den Rest seines Lebens damit zubrachte, Veilchen so genau zu studieren, daß er in der Lage war, der Dame dreißig Jahre hindurch jeden Morgen einen Veilchenstrauß zu senden - den sie, die kostbare Gabe nicht zu verschwenden, am Abend zu Tee kochte.

Viola odorata

Das Veilchen selbst, Viola odorata, ist tatsächlich scheu und schnell in seinen Lebensäußerungen. Es entrollt ein kleines grünes Blattpolster in den ersten warmen Märztagen unter noch kahlen Laubbäumen, auf Waldwiesen oder an den unverhofftesten Gartenplätzen. Kaum, daß die Blätter, noch fast ungestielt, sich entfaltet haben, folgen die purpurblauen Blüten nach. Oft noch ehe man sie entdeckt hat, wird man von ihrem Duft berührt und geleitet. Dieser ist zart, weich und intensiv zugleich. Er ist süß und herb, in einem fordernd und entspannend, und er vergeht rasch wie der Frühlingswind, denn seine chemische Zusammensetzung ist so, daß die menschliche Nase in Kürze abgestumpft für ihn ist, das menschliche Gehirn sich seiner aber noch nach Jahren erinnert. Bald schon überwachsen die Blätter die Blüten, im Versteck darunter entwickeln sich Früchte und übergeben ihren Samen den Ameisen zum Transport. Doch die Veilchen haben eine Eigenschaft, die man nur bei wenigen anderen Pflanzen findet - sie blühen im Verborgenen ein zweites Mal, »kleistogam« nennen es die Botaniker, »geheime Hochzeit«. Es entwickeln sich Blütenknospen, die aber niemals aufblühen, sondern in denen eine Selbstbefruchtung stattfindet, aus der sich keimfähige Samen entwikkeln. Das Veilchen als Bild keuscher Jungfrauen ist uralt, fast so alt, wie der zähe, trotzige Ausbreitungsdrang der eiligen Winzlinge, die in verschiedenen Formen fast alle Regionen der Erde besiedeln.

Es gibt Veilchen-Sammler, die in ihren Gärten etliche hundert verschiedene Sorten und Arten haben. Ich habe es trotz aller Bemühungen nur auf drei gebracht. Im Maibeginn 1979 fand ich Veilchen rund um Peking blühend. In strahlendem Frühlingswetter war die Hauptstadt der Volksrepublik veilchenbekränzt wie einst Athen. Diese Veilchen, die mit unserer Viola odorata den Duft teilen, sind wesentlich größer und haltbarer in der Blüte, haben schlanke lanzettliche Blätter und die langgestielten Blüten lassen sich leicht und schnell zupfen. Ich wähnte mich einem gärtnerischen Geheimtip auf der Spur.

Am Tag vor meinem Rückflug grub ich gemeinsam mit chinesischen Freunden (Veilchen sind auch ein Symbol der Treue, Redlichkeit und Ehrlichkeit) im noch nicht restaurierten Gebiet des Sommerpalastes einige Pflanzen aus und brachte sie nach Frankfurt.

Sie wuchsen, blühten im Sommer kleistogam und brachten reichlich Samen. Ich verschenkte ihn an alle, die ihn wollten und harrte des nächsten Frühlings. Doch oh Staunen - diese Viola mandschurica waren offenbar sittenstreng konfuzianisch erzogen - sie zeigten in Europa nicht ein Blütenblatt, kein Purpurviolett wurde sichtbar - es blieb auf alle Zeiten bei den »versteckten Hochzeiten«. Wenn ich diese Geschichte in China erzähle, geht immer ein wohlgefälliges Schmunzeln über die Gesichter der Freunde.

Ein Amerikaner war einer der großen Veilchen-Enthusiasten dieses Jahrhunderts, Nelson Coon. Sieben Jahrzehnte seines Lebens hat er Veilchen kultiviert und studiert. Er sammelte in seinem Garten alle Veilchen, deren er habhaft werden konnte und in seinem Haus alles über Veilchen, das ihm zur Kenntnis kam. Am Ende seines Lebens schrieb er ein Buch, das er »The Complete Book of Violets« nannte. Über achthundert verschiedene Veilchen beschreibt er darin, er weiß alles über ihre Krankheiten und deren Heilung. Nelson Coon weiß aber auch von menschlichen Krankheiten und wie man sie mit Veilchen heilt: Kopfschmerzen, Schlaflosigkeit, Verstopfung, Hautausschlag, Entzündungen, Bronchitis und Wassersucht. Und er kennt köstliche Rezepte mit Veilchen. Nie, sagt er, darf man Metallgefäße nehmen, denn sie verderben die Purpurfarbe der Veilchenspeisen. Wenn man zwei, drei Hände Veilchenblüten mit kochendem Zuckerwasser übergießt und achtundvierzig Stunden ziehen läßt, so gewinnt man einen schönfarbigen Sirup zur Verfeinerung von Eiscremes, Drinks und Puddings. Man kann auch einfach viele frische Veilchenblüten in grünen Salat einstreuen oder einen Erdbeerkuchen mit gehackten Mandeln und Veilchenblüten garnieren, bevor man ihn mit Tortenguß überzieht.

Und Nelson Coon kennt viele Geschichten über die Blume, die Shakespeare »die Königin der Geheimnisse« nannte. Er erzählt die Geheimnisse der Josephine Beauharnais und Napoleons, die sie sich mit Veilchen mitteilten. Daß Josephine sie am Ballkleid trug, als sie Napoleon kennenlernte, daß sie ihm den Veilchenstrauß am ersten Abend zum Abschied zuwarf. Daß die Bürgerin Beauharnais mit Veilchen zum Standesamt ging und daß Napoleon der Kaiserin zu jedem Hochzeitstag, egal an welchem Platz der Erde er Krieg führte, Veilchen sandte. Nach Elba verbannt, schwor er, er werde mit den Veilchen wiederkehren, und tatsächlich zog er am 9. März in Paris ein. Die Stadt hatte sich zu seinen Ehren mit Veilchen geschmückt, sie waren auf die Wege gestreut, die der Kaiser ging. Seine Anhänger trugen sie wie Parteiabzeichen und ihre Damen hatten ihre Kleider alle in lilapurpur geschneidert.

Aber als er die Veilchen zu dem Signet seiner Rückkehr wählte, hätte er vielleicht doch deren schneller Vergänglichkeit gedenken sollen - Waterloo kam rasch - auch wenn sein Name gleich dem Duft der Veilchen haftet in der Erinnerung der Völker. Bei seinem Tod auf St. Helena trug er eine kleine goldene Kapsel um den Hals mit getrockneten Veilchenblüten von Josephines Grab.

TULIPAN

Sultan Suleiman der Prächtige, glanzvoller Herrscher des Osmanischen Reiches, war ein Eroberer. Seine Truppen besiegten und verwüsteten mehr und größere Gebiete der Erde als jemals zuvor die Reiterheere eines türkischen Herrschers. Die Janitscharen haben diese Länder alle wieder verloren, doch jene kleinen schwarzbraunen Samenkörner, die dem belgischen Diplomaten in Diensten des Deutschen Kaisers, Busbecq, von Suleiman dem Prächtigen gegeben wurden, haben sich zäh in der europäischen Erde festgesetzt. Sie haben von Wien, Prag und Leiden aus als Tulipane, in ihrem Namen das Bild des türkischen Turbans weitertragend, den ganzen Erdball überblüht. Und es hat nach vierhundert Jahren ganz den Anschein, als wollten sie die von ihnen besetzten Gebiete nie wieder aufgeben.

Seit dem Jahr 1535 bestanden diplomatische Beziehungen zwischen den europäischen Höfen und dem Sultanat in Konstantinopel. Stand unter einem holländischen Kupferstich Suleimans: »Dies ist der grausame Despot, der das Blut seiner Söhne trinkt und denkt, es sei Nektar«, so entsprach das der Vorstellung, die man sich in Europa nach den blutigen Kriegen von dem Potentaten und seinem Hof machte. Doch welch andere Szenen boten sich Ogier Ghiselin de Busbecq, als er mit seinem Leibarzt, der den fröhlichen Namen Quakelbeen trug, in Konstantinopel eintraf. Hohe Bildung, Glanz und Pracht umgaben den Herrscher, der sich der Poesie, philosophischen Gesprächen über Aristoteles und griechische Staatskunst hingab, aber vor allem den schönen Damen seines Serails, besonders jener Sklavin Roxelana, die ihn bezaubert wie einst Scheherezade ihren Herrn. Die Paläste und Gärten, in die der naturwissenschaftlich interessierte Diplomat geführt wurde, entsprachen genau jenen Traumgebilden, von denen die schöne Scheherezade in den Märchen von Tausendundeiner Nacht erzählt: ». . . Der Gärtner nahm ihn bei der Hand und führte ihn in den Garten hinein. Als Ibrahim jenen Blumengarten erblickte, deuchte es ihm, es sei das Paradies; denn er sah dort, wie die Bäume ineinander verschlungen waren, wie die Palmen hoch aufragten, die Bäche sprangen und die Vöglein mit mancherlei Stimmen sangen. Dann führte der Wärter ihn in einen Pavillon, und dort sprach er zu ihm: ›Dies ist die Stätte, an der die Herrin Dschamila zu sitzen pflegt.‹ Da schaute der Jüngling den Pavillon an und erkannte, daß er eines der seltensten Lusthäuser war. Denn an ihm befanden sich lauter Gemälde in Gold und Azurfarbe, und er hatte vier Türen, zu denen man fünf Stufen hinaufstieg. In der Mitte aber war ein Wasserbecken, zu dem Stufen aus Gold hinabführten, und diese Stufen waren mit Edelsteinen eingelegt; und inmitten des Beckens stand ein goldener Springbrunnen mit großen und

Tulipa Hybride »Murillo«

kleinen Figuren, die das Wasser aus dem Mund spieen. Und da die Figuren, wenn das Wasser herausfloß, in verschiedenen Klängen ertönten, so schien es dem, der sie hörte, als ob er im Paradies sei. Rings um den Pavillon floß ein Kanal mit einem Wasserwerk, dessen Eimer aus Silber gearbeitet und mit Brokat bedeckt waren. Und links neben dem Wasserwerk befand sich ein Gitter aus Silber, durch das man auf die grüne Aue sah; dort waren allerlei wilde Tiere, Gazellen und Hasen. Rechts daneben aber war ein zweites Gitter, das auf eine Wiese führte; und dort waren lauter Vögel, die alle in mancherlei Stimmen sangen und den Hörer berückten. Als der Jüngling das alles geschaut hatte, war er von Entzücken erfüllt.«

Auch Busbecq und Quakelbeen waren von Entzücken erfüllt. Niemals zuvor hatten sie solche Gärten gesehen. Die Massenanpflanzung von Tulpen ist nicht eine Erfindung unserer Zeit - in Suleimans Tagen sollen in seinen Höfen jeden Frühling fünfhunderttausend Tulpen geblüht haben, der schimmernden Hauptstadt des oströmischen Reiches noch mehr Glanz zu verleihen.

Auf einer Insel im Marmarameer lag das Serail, in dem alle Jahre zum Frühlings-Vollmond ein üppiges Tulpenfest gefeiert wurde. Kostbare Vasen standen auf Tischen aus Elfenbein, duftendem Holz und Edelsteinen. Dazwischen hingen große Kristallkugeln mit farbigem Wasser gefüllt. In silbernen Käfigen sangen Kanarienvögel und Nachtigallen. Auf Schiffen, die die Insel umfuhren, hatte man Garde-Musikanten mit klingenden Instrumenten plaziert. Die Gäste waren in Brokat, Samt und Seide gekleidet und hatten sich mit den Farben ihrer Garderobe den Farben der Tulpen anpassen müssen. Die Gärtner gaben ihre ganze Kunst, damit genau an diesem Tag die Blumen auf dem Höhepunkt ihrer Schönheit waren. Schon bei der Pflanzung hatten sie die Zwiebeln nach Farben wohlgeordnet, damit reine Harmonie herrsche. Als der volle Mond aus dem Wasser stieg, Tausende von Kristall-Laternen zwischen den Blumen brannten, erreichte das Fest seinen Höhepunkt. Die Damen trippelten über die Wege, das Tulpenwunder zu genießen, und auf den Beeten zwischen den Blumen wanderten Schildkröten, denen man, um die Illumination noch zu steigern, kleine Kerzen auf dem Panzer befestigt hatte.

Busbecq hat die Serailinsel wahrscheinlich nie betreten, das Tulpenfest dort nie erlebt, nur einen Abglanz davon, wie er am allgemeinen Sultanshof gefeiert wurde, aber er war bezaubert. Die Tulpensamen gab er dem Botaniker Clusius, der sie in Prag und Wien aussäte und die jungen Zwiebeln später mit nach Leiden in den Botanischen Garten nahm, als die Universität ihm eine Professur verlieh. Doch anfangs hat sich niemand für die Tulpen interessiert. Nach einiger Zeit verlor er vollends die Lust an der Beschäftigung mit ihnen, denn die ersten, die sich in Leiden dann doch für Tulpen begeisterten, waren Diebe, die ihm in dunkler Nacht seine besten Zwiebeln ausgruben - da wandte er sich enttäuscht anderen botanischen Problemen zu.

Wenig später brachten venezianische Schiffe einige Tulpenzwiebeln aus der Türkei. Die gelangten von dort nach Augsburg. Im Garten des Patriziers Herwarth sah 1559 der Arzt und Botaniker Gessner aus Zürich die Blüten und veröffentlichte 1561 in seinem botanischen Werk einen Holzschnitt der Pflanze. Nach ihm nannte Linné die Gartentulpen Tulipa gesneriana.

Ob Busbeqc, Clusius und Gessner wirklich die ersten waren, die Tulpen nach Europa brachten, wird heute angezweifelt, da sich in einer illuminierten Bibelhandschrift des zwölften Jahrhunderts Tulpendarstellungen fanden. Und als im Zweiten Weltkrieg Fliegerbomben die Kathedrale von Canterbury zerstörten, legten sie zugleich ein Fresko frei, auf dem Maria in einem Kranz von Tulpen sitzt. Die Kunsthistoriker datieren dieses Bild ins fünfzehnte Jahrhundert. Hatten diese Blumen also in wenigen Exemplaren schon einige Male Europa erreicht und waren wieder mangels Interesse, durch Krankheit oder Mäusefraß verlorengegangen? In jedem Falle sind die Tulpen der Türkei aus der zweiten Hälfte des sechzehnten Jahrhunderts die Stammeltern unserer heutigen Gartenpracht. Was sich aus den Samen entwickelte, die Suleiman an Busbecq gab, und den Zwiebeln, die venezianische Galeeren brachten, waren nicht wilde Blumen aus den Steppen Innerasiens, sie waren schon Ergebnis vieler Jahrhunderte geduldiger gärtnerischer Arbeit. Tulpen benötigen meist sieben Jahre von der Saat bis zur ersten Blüte. Die Mutterzwiebel stirbt nach der Blüte ab, dann beginnt die Vermehrung über die Brut. So einfach ist es nicht, fünfhunderttausend Tulpenzwiebeln in die Gärten des Sultans zu liefern.

Die Tulpen waren jedoch schon vor vierhundert Jahren in Konstantinopel weitgereiste, weltbewanderte Wesen. Die Gärtner Asiens hatten sich schon mindestens ein Jahrtausend lang mit ihren Möglichkeiten, ihren Launen und ihren Krankheiten vertraut gemacht. Ihre Heimat ist weder die Türkei noch Persien, woher sie zu den Sultanen kamen, sondern dehnt sich weiter nordöstlich entlang dem vierzigsten Breitengrad vom Kaukasus über die Nordgrenze Afghanistans durch Kashgar bis zum westchinesischen Bergmassiv des Tien Shan. Wann und wie sie sich auf die Reise begaben, weiß niemand. Gewiß ist nur, daß sie vom Morgen- zum Abendland wanderten - zielstrebig bewegten sie sich in westlicher Richtung.

Überrascht es, daß sie in ihrem Ausbreitungsdrang den Routen der Seidenstraße folgten? Wie reisten sie? Hingen ihre Samen in den Zottelhaaren nächtlicher Kamelkarawanen oder waren sie Handelsgut in den Satteltaschen? Ohne Zweifel begeisterten sich persische Kaiser lange vor den Kalifen für die Tulpen, die vermutlich schon in den hängenden Gärten der Semiramis blühten.

Gleich zweitausend Jahre muß man zurückspringen, bis in Chinas Han-Dynastie, um eine frühere (vielleicht die früheste) Darstellung von Tulpen zu finden. In Minfeng in der Provinz Sinkiang holte man vor etwa zwanzig Jahren eine Seidenstickerei aus einem Fürstengrab. Mit feinen Schlingstichen zeigt sie eine große Zahl recht naturgetreu dargestellter Tulpen. Viele Blüten sind weich und neigen sich zur Erde wie trauernd, andere tragen den Kopf auf kräftigen aufrechten Stielen, Feuerräder entrollen sich aus diesen Blüten, Griffel und Staubgefäße sind übertrieben groß. Yin und Yang, die beiden Urkräfte, in Tulpen ausgedrückt, den typischen »Auferstehungsblumen«, die nach einem barbarisch heißen Sommer und einem Eiswinter voller Stürme an den ersten milden Frühlingstagen mit dem Blühen beginnen.

So wenig man den Weg der Tulpen je genau wird verfolgen können, so wenig wird man enträtseln, warum sich das blumenliebende chinesische Volk später nie mehr für Tulpen interessierte. Sie sind aus seinen Gärten und aus seinem Bewußtsein weggezogen - nach Westen, nach Westen. Die Welle ihrer Ausbreitung während des Barocks schlug zurück in die Türkei. Hier hatte man im siebzehnten und achtzehnten Jahrhundert, auf der Höhe der Kultur, die Tulpenzucht weiter vorangetrieben, Qualitätsmerkmale festgelegt und bei großen Tulpenbewertungen durch ernsthafte Herren der Jury getestet. Die ideale Tulpe sollte mandelförmige Blüten mit spitz zulaufenden Blütenblättern haben - eine elegante Gestalt, wie sie in den heute »Lilienblütige Tulpen« genannten Sorten fortlebt.

In Holland war man unterdessen ernüchtert, nach einem Tulpenboom und -schwindel sondergleichen. Zwischen 1634 und 1640 hatte die Leidenschaft für Neuheiten dieser Blumen ihren Höhepunkt erreicht, bis die Regierung diesen Unsinn stoppte.

Aber da waren schon Existenzen aufgeblüht und wieder vergangen wie Seifenblasen. Alles waren nur kleine Bestände, mit denen man spekulierte, oft Einzelzwiebeln, die besonders bevorzugten gestreiften und gefederten Tulpen alle krank. Aber wie kann man das Menschen klarmachen, die selbst vom Fieber einer Leidenschaft befallen sind? Clusius hatte schon erkannt und beschrieben, daß mit der spontanen Änderung der Blütenfarbe zur Mehrfarbigkeit hin eine Schwächung der Art einhergeht.

Die Pflanzen mit gemusterten Blüten waren schwachwüchsig und meist kurzlebig. Es dauerte bis in den Zweiten Weltkrieg, dreihundert Jahre, bis englische Forscher nachwiesen, daß die Streifigkeit durch einen Virus entsteht, der von Blattläusen verbreitet wird. Erst unsere naturwissenschaftliche Zeit war bereit, es zu wissen.

Niemand sollte sich das Holland des siebzehnten und achtzehnten Jahrhunderts als ein Land der Tulpenfelder vorstellen, natürlich wurden in Holland weiterhin Zwiebelblumen gezogen und gehandelt, aber der Reichtum des Bürgertums war noch nicht gestreut genug, als daß jene breiten, leuchtenden Farbflächen im Mai die Niederlande hätten schmücken können. Erst das aufkommende Industriezeitalter brachte dem ganzen europäischen Gartenbau eine entscheidende Wende. Es entstanden nun, vor allem rund um die Städte, viele Klein-Existenzen: »Kunst- und Handelsgärtnereien«. Mindestens gleichbedeutend mit Holland in der Blumenzwiebelkultur war in der ersten Hälfte des neunzehnten Jahrhunderts das Gebiet um Berlin. Der leichte Boden und ein damals noch hoher Grundwasserstand boten ideale Verhältnisse. Die fixen Berliner Gärtner exportierten damals ihre Zwiebeln dem westlichen Nachbarn. Sie entdeckten das, was man heute in Holland perfektioniert: die Blumenwerbung. Es wurden regelmäßig im Frühling in der Berliner Fruchtstraße Blumenausstellungen veranstaltet, jedes Jahr kam der Hof, sie zu besuchen. Die Tulpen- und Hyazinthenschauen waren mit Konzerten gekoppelt, der Eintritt betrug fünf Silbergroschen. Voller Stolz haben die Gärtner erzählt, daß die Kassierer vor lauter Betrieb das Geld nicht zählen konnten, sondern es abends körbeweise in ihre gute Stube schütteten. Wen wundert es, daß die Zwiebelzüchter als Millionäre galten, daß sie sich Pferde und Kutschen hielten und nur Zylinder trugen?

Für Hollands Tulpenzüchter erwiesen sich Importe von Wildtulpen aus der Sowjetunion als besonders gewinnbringend. Zwischen 1929 und 1934 organisierte der Botanische Garten in Taschkent große Sammelaktionen. Er verkaufte die am Naturstandort ausgegrabenen Zwiebeln in die Niederlande, mit dem Erfolg, daß der Frühling um Taschkent nun fast ohne Tulpen ist. In Holland entstanden durch Rückkreuzungen von Gartentulpen mit diesen Wildsorten jene übergroßen Darwin-Hybridtulpen, die in leuchtenden Farben blühen und seit den späten fünfziger Jahren als Apeldoorn und Hollands Glorie den Weltmarkt beherrschen.

Der große Gärtner Karl Foerster schrieb über die Tulpe: »Ahnen wir, was wir mit einer Blume in der Hand halten?«

RHODODENDRON

Die Geschichte der Rhododendren ist im Vergleich zu anderen Pflanzen für Westeuropäer noch sehr jung, doch kaum weniger aufregend. Wenn man den Namen nennt, so denkt jeder sofort an England, Schottland oder Irland - aber nicht eine einzige der bekannten eintausend Rhododendron-Wildarten ist dort zu Hause. Die beiden Mitteleuropäer, unsere »Alpenrosen«, kamen sogar erst nach ihren berühmten, großblumigen amerikanischen Verwandten auf das Inselreich.

»Rhododendron«, der Rosenbaum, gilt als »König der Sträucher« - aber er ist es meist nur da, wo Kalk nicht vorhanden, weder im Boden noch im Gießwasser. Seine Heimat ist vorwiegend in den feuchten waldigen Bergen Nordamerikas und Asiens, bis zu 4800 m hoch klettern sie im Himalaya und hängen dort in schwindelnder Höhe über dem Abgrund. Bei einer Wanderung durch eine Schlucht entlang einem reißenden Bergbach nördlich von Kathmandu sah ich sie an einem Herbsttag vor mehr als einem Jahrzehnt zum ersten Mal an einem Wildstandort. Es regnete, der Weg glich eher einem Sumpf als einer Straße, immer enger wurde die Schlucht, drohend rückte das schwarze Urgestein näher und näher zusammen, daß Weg und Bach fast eins wurden. Mit regenblinden Augen suchte ich in der Düsternis den Himmel und sah als herrliche Schattenfigur an der oberen Felskante, vierzig oder fünfzig Meter über mir, einen gewaltigen Rhododendron hängen. Theatralisch wie die Schleppe einer schönen Frau pendelten aus seinen Füßen unzählige Ranken wilden Weines herbstlich leuchtend bunt gefärbt im leichten Regenwind, bis zur Sohle des Tales herabwallend. Vor den feuchten, lackschwarzen Pfeilern, die sich in der Silhouette des Rhododendron auflösten - unvergeßlich!

Die Griechen, denen die pontischen Azaleen vertraut waren, nannten »Rhododendron« jene Pflanzen, die seit Linné Oleander heißen. 1583 bezeichnete Caesalpinus die Alpenrosen mit Rhododendron und Linné gab dann der ganzen Gattung diesen Namen, nicht ahnend, welch große Pflanzengruppe er damit benannte. Er kannte nur zwölf Mitglieder, die Wende zum 20. Jahrhundert hatte es immerhin schon auf zweihundert gebracht, während heute etwa tausend Wildarten gezählt werden. Die Anzahl ihrer kultivierten Hybriden, die durch die Arbeit der Züchter entstanden, indem sie die verschiedenen Arten miteinander kreuzten, dürften über zwölftausend sein. In der Mitte unseres Jahrhunderts schätzte der englische Pflanzenjäger Kingdon Ward, eine abenteuerliche Gestalt wie fast alle seiner Berufskollegen, daß allein in den Seitentälern des Himalaya abseits der Durchgangsstraßen auf chinesischem und tibetischem Territorium noch über einhundert nicht bekannte Wildformen von

Rhododendron Hybride

Rhododendron zu finden seien. Alle Forscher hatten sich mehr oder minder an vorhandene Wege gehalten, auch wenn sie nur 50 cm breit waren. Fast alle hatten sie zu kämpfen gehabt nicht nur gegen Krankheit, Übermüdung, Unverständnis der Behörden und ihrer Begleiter, sondern vor allem auch gegen die räuberischen Stämme des tibetisch-chinesischen Grenzraumes, deren radikalste Vertreter - unvorstellbar für uns - in den buddhistischen Klöstern saßen. Eine gute Hand an der Flinte war mindestens so wichtig wie eine gute botanische Ausbildung und eine zähe körperliche Kondition. Alle Pflanzenjäger berichten von demonstrativen Schießübungen, mit denen sie ihrer Begleitmannschaft und damit zugleich auch dem Nachrichtendienst zu den räuberischen Stämmen imponierten.

Man kann nicht über Rhododendron sprechen, ohne dieser verwegenen Männer zu gedenken, die sich seit elisabethanischen Zeiten um die Einführung in Europa unbekannter Pflanzen mühten. Zunächst galt das Interesse der Reichen und Mächtigen, die allein in der Lage waren, solche Unternehmungen zu fördern und zu finanzieren, möglichst exotischen, tropischen Gewächsen, die in den Orangerien kultiviert wurden. Erst in der größeren Freiheit des landschaftlich gestalteten Gartens und als man staunend sah, wie überreich die Flora dieser Welt ist, begann man mit der mehr oder minder systematischen Suche nach in Europa winterharten Gartenpflanzen.

Am Anfang pflegten nur recht wilde Gesellen dieses harte Gewerbe, bis es in der zweiten Hälfte des vergangenen Jahrhunderts zum Modesport der Aristokratie Europas wurde.

Ende des achtzehnten Jahrhunderts sammelte John Fraser, später zusammen mit seinem Sohn, in Amerika. Ihm gelang 1799 die für Mitteleuropa entscheidende Rhododendron-Entdeckung. In der Gegend des Flusses Catawba in den Bald Mountains fand er große Areale eines violett blühenden Strauches mit lederharten, glänzenden immergrünen Blättern. Die Pflanzen erschienen ihm ungewöhnlich wuchskräftig und angenehm anzuschauen, auch wenn sie nicht blühten. Sie wurden nach dem Fluß, von dessen Ufern sie Fraser zuerst entgegengeleuchtet hatten, Rhododendron catawbiense genannt. Obwohl er im Auftrag des russischen Zaren Paul sammelte, sandte er Samen auch nach England. Dort blühten sie in der Gärtnerei von Lee & Kennedy 1813 zum ersten Mal, aber man war enttäuscht, weil man eine andere Blütenfarbe erwartet hatte. Doch rund ein Jahrhundert später schrieb W. J. Bean in seinem grundlegenden Werk »Trees and Shrubs Hardy in the British Isles«: »Die Pflanze ist vielleicht eine der am besten nutzbaren immergrünen Sträucher, die bisher eingeführt und ein erstklassiges Elternteil für zukünftige Züchtung.« John Fraser war ein ungewöhnlich erfolgreicher Sammler in der Neuen Welt, aber er zahlte für seinen Ruhm, der bis heute dauert, mit einem rastlosen, entbehrungsreichen Leben in Armut.

Eine weniger gute Presse hat bis auf den heutigen Tag in China der Schotte Georg Forrest, der seine systematische Sammeltätigkeit in der chinesischen Provinz Yunnan 1904 begann und, von gelegentlichen Heimaturlauben unterbrochen, bis zu seinem Ende 1932 fortsetzte. Der stämmige, untersetzte Forrest sammelte Rhododendronsamen von 5375 Sträuchern, die 260 Arten repräsentierten. Manchmal war sein Tätigkeitsdrang selbst seinen europäischen Auftraggebern zu viel, weil die Ergebnisse seiner Arbeit gar nicht schnell genug zu sichten und zu verbreiten waren, bis schon die nächste Samensendung eintraf. Die Chinesen sagen, er habe sie bestohlen, habe in den wirren Jahren ihres Bürgerkrieges die Samen gesammelt, heimlich außer Landes gebracht und international benannt nach seinen Freunden und Wohltätern. Aber das war eine bis zur Mitte dieses Jahrhunderts durchaus übliche Praxis. Vor etwa zwei Jahren veröffentlichte die Zeitung »China im Bild«, die weltweit verbreitet wird, Fotos einer Expedition chinesischer Rhododendron-Spezialisten, die einige besonders große Exemplare des leuchtend rot blühenden Rhododendron arboreum fanden. Bei den beeindrukkenden Fotos war auch ein Bild eines mächtigen halbverfallenen Baumstumpfes. Die Unterschrift besagte, daß diesen riesigen Rhododendronbaum, den größten, den man in China je gefunden habe, George Forrest habe fällen lassen. Der Stammabschnitt von achtzig Zentimeter Durchmesser werde heute noch in London im Naturwissenschaftlichen Museum gezeigt.

Wenn man sich in solch einmaligen Pflanzenschatzkammern der Erde, wie sie die chinesischen Provinzen Yunnan, Szechuan und Hubei darstellen, lange aufhält, kann es schon vorkommen, daß man das Gefühl für diese Kostbarkeiten nivelliert. Was Forrest und seine Kollegen auf einem verhältnismäßig kleinen Gebiet allein an unterschiedlichen Rhododendren fanden, ist einem normalen Mitteleuropäer unvorstellbar. Da gab es welche, deren Blattunterseite bepelzt war wie ein Himalaya-Bär. Andere, deren Rinde an den Stämmen orangerot aufplatzte und wie bei Platanen abrollte. Solche mit riesigen weißen Blüten, mit purpurfarbigen Punkten im Schlund, die Dolde bis dreißig Zentimeter Durchmesser. Eine große Variationsbreite an Rot-Tönen. Kleine Polsterpflanzen dicht an die Erde gepreßt und andere bis zu fünfzehn Meter hoch. Aromatisch duftende und solche, die ihre Signale den Insekten nur über Blütengröße und Farbe gaben. Wieder andere senden einen reinen Kölnisch-Wasser-Duft über ihre Blätter aus, wie Rhododendron nivale, der auf 4800 m steigt, dort acht Monate des Jahres unter meterhohem Schnee verborgen lebt, um dann in der kurzen Vegetationszeit sein ganzes Pflanzenleben zu durcheilen. Oder eine mehr im Tiefland wohnende Schöne, Rhododendron camelliaeflorum, mit glitzerndem Laub und weißen Blüten. Es ist anstrengend, ständig in einem Land der Wunder zu sein.

Ich hatte ein mich völlig überwältigendes Rhododendron-Erlebnis Ende Mai 1983 in der Provinz Szechuan. Von Chengdu aus fuhren wir zu unserem Talquartier am Fuß des heiligen buddhistischen Berges Emei Shan, der bis auf dreitausend Meter ansteigt. Dies ist jenes Gebiet, in dem der Engländer E. H. Wilson dreizehn Jahre botanisierte und durch seine Arbeit unsere Gärten veränderte. Das Gästehaus sah so aus, als habe Wilson und manch anderer Botaniker seine Ruhezeit darin verbracht.

Einen Tag hatte ich dort, auf etwa 800 m Höhe, Zeit, meinen Körper an die veränderte Luftfeuchte, Wärme und Druck zu akklimatisieren. Das tut man am besten wandernd und die Pflanzen betrachtend. Die Schönheit der roten Erde mit dem hellgrünen Bambus und schwarzgrünen Kiefern als Leitpflanzen bewegte mich tief. Meine Erregung steigerte sich, so, daß ich in der Nacht kaum schlafen konnte. Am nächsten Morgen brachte mich ein Jeep in mehrstündiger Fahrt auf 2600 m. Aber was war das für eine Fahrt! Überall traf ich Bekannte aus deutschen Gärten, die hier ihre Heimat haben: Buddleia, Deutzien, Kolkwitzia, Aralien, Spireaen und den berühmten Taubenbaum Davidia, der bei uns dreißig Jahre braucht, bis er zum ersten Mal blüht. Wenige Pilger waren unterwegs zu den zahlreichen buddhistischen Klöstern, Tibeter und Chinesen. Frauen mit ruhigen, beglänzten Gesichtern betend den Rosenkranz in den Händen. Dann Bauern, auf der Rückentrage ihr Bett mit sich führend, aufsteigend zu den kleinen hochgelegenen Äkkern, auf denen sie Heilpflanzen kultivierten, die ich später in der Nähe der Wallfahrtsstätten auf Tischen und auch am Boden ausgebreitet fand. Viele getrocknete Pflanzenrhizome, Pilze, Früchte, aber auch Tierhörner. Eine seltsame, rätselvolle Mischung für meine Augen. Ich wurde geleitet von einem chinesischen Gartenmeister, der mich sehr bewunderte, weil ich fast alle lateinischen Namen annähernd wußte - meine Bewunderung für ihn war aber viel größer, weil er von allen Pflanzen die ihnen innewohnenden Kräfte kannte. Mein Lernen hatte sich mit der schönen Außenseite genug getan.

Etwa auf der Höhe von zweitausend Meter war der niedere Buschwald plötzlich von hohen, mächtigen Tannen durchsetzt, die im Habitus Ähnlichkeit mit unserer Schwarzwaldtanne haben. Wir fuhren direkt in die tief um die Bergspitze hängenden Wolken hinein, die Sicht wurde nur für Sekunden noch frei, der Scheibenwischer lief auf Hochtouren. Da stand plötzlich, zartrosa im Nebellicht an einer Wegbiegung, der erste Rhododendron am Abhang eines Wildbaches, sechs bis sieben Meter hoch, in voller Blüte, kaum daß noch Laub sich zeigte. Fotografieren war bei der Wetterlage fast unmöglich, ich möchte sagen »Gott sei Dank«.

Um die Mittagszeit lichteten sich die Wolken um diese blühenden Riesen. In einer Berghütte wurden wir mit heißem Tee zu unseren Picknickpaketen versorgt, für den weiteren Anstieg bekamen wir dicke grüne Wattemäntel geliehen, denn die Temperatur war hier in dem Wolkennest viel kühler als auf der Talsohle. Bergwege sind in China ganz anders, seit uralten Zeiten werden Steigungen über Steinstufen überwunden, viele Tausende führen auf den Emei Shan, alle sind sie frei gebrochen, jede hat eine andere Höhe, jede liegt in einem anderen Neigungswinkel schief. Nicht einfach für meine großen klobigen europäischen Füße - neidvoll betrachtete ich meine Begleiter, die wie Gemsen kletterten. Nun war auch die Begleitflora deutlicher zu erkennen, Bambus, Philadelphus, viel Farn und immer wieder die hohen, sattgrünen Tannen, die aber erschreckenderweise hier die gleichen Krankheitserscheinungen haben wie ihre Schwestern im Schwarzwald. Überall sprudelten Wildwässer, manchmal hatten sie die Rhododendren teilweise unterspült, so daß deutlich die Bodenschichtung zu erkennen war. Die Wurzeln waren eingebettet in eine fast einen halben Meter mächtige alte Waldhumusschicht, die auf spaltigem Gesteinsschotter aufsaß. Ich bin keine Geologin, aber nach meiner Erfahrung schien es überraschenderweise Kalk zu sein. Die Rhododendren, die als Unterholz in dem schütteren Tannenwald wuchsen - der Berg trug ihn wie ein alter Mann seine Haare - hatten alle Töne von weiß bis pinkrosa, fast immer mit purpurroten, manche mit bronzefarbenen Tupfen. Sehr großblumig, einige nur mit zwei bis drei Blüten zusammen, andere mit riesigen, vollen Stutzen, bis zu dreißig Zentimeter Durchmesser. Ihre Höhen variierten von jungen Pflanzen mit wenigen Blütendolden bis zu alten Burschen etwa acht Meter hoch und die schirmförmige Krone zur gleichen Breite ausgespannt. Die Luft war erfüllt von Vogelstimmen, die in allen Tonlagen sangen - aus der Ferne rief ein Kuckuck.

Beim Abstieg dachte ich an die Worte von Hippolyte Taine: »... zu wissen, daß man die Welt hat betrachten und erkennen dürfen und daß dies die Mühe des Lebens lohnt.«

IRIS

Diese Blume ist eine personifizierte Göttin, welche geflügelten Fußes über den Regenbogen vom Himmel herabschreitet, Zephir, dem Gott der Westwinde vermählt. Der Ruf der göttlichen Pflanze ist makellos, niemals von Magiern oder Hexen genutzt. Sie gilt als edel und herrscherlich - aber die Botaniker sagen, daß sie eine ganz große Betrügerin sei. Es scheint, als habe sie all ihr Interesse beim Bau ihrer Blüte auf hohe Eleganz und leuchtende Schönheit gerichtet - Tatsache ist, daß sie zu den raffiniertesten Verführerinnen des Pflanzenreiches gehört. Nicht einmal ihr persönliches Parfüm ist eindeutig. Das farbige Saftmal, das bei vielen Arten die Hängeblätter ziert und gewissermaßen den Einstieg in ihre delikatesten Zonen markiert, duftet völlig anders als die übrige Blüte. Der Bart, mit dem sich vor allem die uns so vertraute Iris germanica wie mit dem Kamm eines Kakadus schmückt und von dem alle Insekten (vor allem Hummeln) den begehrten Blütenstaub erwarten, ist nichts als reine Attrappe (nur eine Federboa oder Krinoline am Gewand einer schönen Frau). Ja sie nutzt diesen Bart noch als federnde Unterlage, um die brummeligen Hummeln so fest wie möglich gegen ihren unterständigen Fruchtstempel zu pressen, um so von dem Blütenstaub der Cousine, den die Hummeln huckepack tragen, recht viel auf die eigenen Narben rauben zu können. Im Iris-Rachen erst erreichen die Insekten ihren Blütenstaub und erst die tiefsten Tiefen bergen den süßen Nektar, ohne dessen Eroberung die Hummeln die Blume nicht verlassen. Haben sie den köstlichen Nektar erreicht, ist längst alles passiert, was die Erhaltung der Art sichert.

Dabei hat die göttliche Dame Iris höchst wichtige und ernste Aufgaben zu erfüllen. Sie ist Juno zugeordnet und erscheint auf Darstellungen häufig hinter der Göttermutter im Wagen. Dann hat sie die Flügel, die sie sonst wie Hermes, Gott der Kaufleute und der Diebe, an den Schuhen trägt, der besseren Beweglichkeit wegen an ihre Schultern montiert. Juno sendet sie mit ihren Wünschen und Befehlen aus. Iris, die freundliche Tochter der Electra, hat freien Zugang zu den Menschen, aber auch zu den Nixen in den Tiefen der Meere und Flüsse, ja sie steigt herab bis zu Hades, dem Herrn der Unterwelt, den Ratschluß der Götter zu künden - und sie führt mit leichter Hand die Seelen entschlafener Frauen zum ewigen Frieden. Deshalb findet man auf so vielen griechischen Friedhöfen die Gräber mit Iris geschmückt - in Istanbul und anderen islamischen Städten sind Frauengräber im Mai ganz überblüht mit blauen Iris und auf alten Grabsteinen sind sie stilisiert, als Zeichen der Weiblichkeit.

Iris Germanica-Hybride »Navajo blanket«

Die Göttin Iris trägt auf allen ihren Reisen ein Kleid aus Tautropfen, darin sich schillernd das Universum spiegelt - der Sternenhimmel wie der unterweltliche Strom Styx. Das Bild der Blüte Iris war über Jahrtausende hinweg beliebtes Motiv der Textilkünstler, die stickend, webend und malend mit ihr die Hochzeitsgewänder von Prinzessinnen und Königen schmückten. In Silber und Gold ziseliert schützten sie auf den Schilden die Kreuzritter vor den Pfeilschüssen und Schwerthieben der Sarazenen - aus deren Land doch die allerschönsten Iris kommen. Jene Iris susiana, der eine dauernde Heimstatt in meinem Garten zu geben mein unerfüllter Wunschtraum ist, seitdem ich sie auf der Kölner Bundesgartenschau 1957 zum ersten Male sah. Ich kann nie im Zug über die Rheinbrücke nach Köln fahren, ohne mich schlagartig zurückversetzt zu fühlen in den Moment unserer ersten Begegnung. Jene, absolute Sommertrokkenheit liebende Iris susiana, die »Dame in Trauer«, ist für meine Augen eine der ungewöhnlichsten und bewegendsten Gestalten des Pflanzenreiches. Sie umgibt sich mit einer Aura von Würde, Schönheit und Majestät. Ihr Anblick ist rätselhaft wie der einer Sphinx, melancholisch wie ein Largo von Händel und schmeckt auf der Zunge wie schwerer Bordeaux. Duftet sie eigentlich? Ich weiß es nicht, ich habe sie bei unseren seltenen Begegnungen immer nur tief versunken betrachtet, zu keiner Frage fähig.

Die französische Lilie, jene »Fleur du Lys«, mit der Kreuzritter und Könige Frankreichs ihre Wappen schmückten, ist in Wahrheit keine Lilie, sondern Iris pseudacorus, die gelbe Wasserschwertlilie. Sie umstanden früher in üppiger Fülle die Bäche und sumpfigen Wiesen ganz Mitteleuropas und sollen auf dem tibetischen Hochland ebenso zu finden sein, wie ich sie in Hangzhou in Westchina antraf, wo man sie mir im botanischen Garten als einheimisch bezeichnete. Seit altersher weiß man dort schon, was bei uns als allerneueste Erkenntnis der Biologen gilt: daß Iris pseudacorus die Kraft hat, verschmutzte Gewässer biologisch zu reinigen, daß sie ein preiswertes und schönes Klärwerk der Natur ist, für das man nur den Platz und den Mut braucht, es einzusetzen.

Wie kam diese Iris dazu, Wappenblume Frankreichs zu werden? Vielleicht, weil sie graphisch so gut zu stilisieren war. Oder stimmt die Geschichte von König Chlodwig, der im Jahre 496 n. Chr. gegen die Alemannen bei Köln kämpfte und, als das Schlachtenglück ihn zu verlassen drohte, seine Rettung nur in einer Flucht über den Rhein sah. Doch wie hinüber kommen? Da fand er, wenig flußaufwärts auf einer Sandbank im Strom, die gelbe Iris blühen, ihm ein Zeichen gebend, daß an dieser Stelle das Wasser flach genug und ein Übergang möglich sei.

Der früheste uns bekannte Pflanzentransport ist der von Thutmosis I. Aus seinem Krieg gegen die Syrer brachte er im Jahr 1950 v. Chr. eine reiche Pflanzensammlung mit und ließ sie im innersten Bezirk des Tempels von Karnak in der streng geheimen botanischen Kammer als Flachrelief abbilden. Eine Huldigung an die heimischen Götter, die der Ägypten-Tourist heute, viertausend Jahre später, noch bestaunen kann.

Auf diesem Flachrelief ist auch eine stolze Iris abgebildet, von Ägyptologen und Botanikern gemeinsam als Iris oncocyclus identifiziert. Welche gewaltige botanische Beute muß Thutmosis abgeschleppt haben, wenn so zahlreiche Pflanzen die miserablen Transportverhältnisse überstanden und in anderen klimatischen Regionen sich zum Blühen entwickelten? Was brachte ihn dazu? Der Wunsch, die Altäre der ägyptischen Gottheiten zu schmücken, oder der Medizin zu dienen, die in den Klöstern als Geheimwissenschaft betrieben wurde? Was mag da alles in den Schränken gelandet sein, um gepreßt und getrocknet als Reservoir für die begehrten Liebesmittel zu dienen?

Ganz unkriegerisch erreichten die japanischen Iris kaempferi Europa, dank zweier Männer: des Arztes Engelbert Kämpfer aus Lemgo und des Naturforschers Philipp Franz von Siebold, einem gebürtigen Bayer. Ihren wissenschaftlichen Namen erhielten sie nach dem universal gebildeten Reisenden, der in den »Amoenitates« (1712) zum ersten Mal über sie berichtet hat. Sie ist die feenhafteste, weiblichste unter den göttlichen Blumen, für Japaner allerdings das Symbol der Knabenweihe, ihrer schwertförmigen Blätter wegen. Im Vergleich zu der uns so geläufigen Iris germanica, von der noch zu sprechen ist, liebt sie ein Leben in Sumpf und Sonne. Aber sie ist nicht irgendeine Sumpfpflanze, nicht tauglich für ein buntgemischtes Öko-Becken, ein beliebiges Feucht-Biotop. Sie möchte zwar im Wasser stehen, aber nicht zu allen Jahreszeiten, und schon gar nicht im fließenden. Das Air des unnachahmlich Besonderen, sehr Asiatischen, mit dem sie sich vor allem in der Blütezeit umgibt, macht sie völlig untauglich zur Gemeinschaft mit Sumpfvergißmeinnicht oder Dotterblumen. Sie braucht die Isolation. Wenn man sie haben will, so muß man sich entschließen, ihr eine würdige Heimstatt im Garten anzubieten, einen etwas gesonderten Teil, technisch gut für sie vorbereitet, und eigene Reisepläne so zu ordnen, daß man in der einen Woche des Jahres, in der sie blüht, auch wirklich zu ihrer bewundernden Betrachtung zu Hause ist. Europa hat diese Iris in der Zeit der Impressionisten kennengelernt, und jenes schnell vergänglich Schöne, das ihre Bilder festzuhalten suchten, ist auch dieser Blume eigen und erhält Dauer nur im Gefühl und in der Erinnerung des Betrachters.

Iris, die gleich den Lilien und Orchideen zu den anpassungsfähigen und erfindungsreichen einkeimblättrigen Pflanzen gehören, sind fast auf der ganzen nördlichen Halbkugel in den verschiedensten Erscheinungsformen beheimatet. Sie haben als Hauptverbreitungsgebiete zwei ganz grundsätzlich voneinander verschiedene Areale. Zum einen wohnt ein Großteil der Sippe im sommertrockenen Gebiet rund um das Mittelmeer und in den angrenzenden Bergen und Wüsten - der zweite, mehr oder minder viel Bodenfeuchtigkeit liebende Teil der Verwandtschaft hat sich von Mitteleuropa bis Ostasien und ebenso in Nordamerika niedergelassen in Regionen, in denen im Sommer der Laubwald grünt und die Winter manchmal unangenehm kalt sind. Sie haben ihre Ruheperiode im Winter, die Iris am Mittelmeer verschlafen träge den heißen Sommer. Beide haben sich für diese Zeit der Stille ihre Vorräte in Wurzelverdikkungen - Rhizomen - oder in Zwiebeln angelegt. Viele von ihnen können über Jahrzehnte hin genügsam ausdauernde Gartenbewohner sein, wenn man ihnen das entzieht, was sie nicht mögen - Wasser oder Trockenheit zur falschen Zeit.

Verzeichnete das Standardwerk »Hortus Eychstettensis« 1605 schon 27 Iris-Arten, waren in einem der frühesten Gartenkataloge, dem von William Lucas 1677, immerhin drei verschiedene Iris zum Kauf angeboten, so ließe sich das Sortiment heute fast ins Astronomische ausdehnen, wenn es für die Spezialgärtnereien wirtschaftlich tragbar wäre. Denn in unserem »Jahrhundert der Züchtung« haben sich vor allem die Amerikaner der Westküste der Iris germanica als ihrem Lieblingskind angenommen.

Zu Beginn dieses Jahrhunderts hatte der Engländer W. R. Dykes von der Royal Horticultural Society ein bisher unerreichtes Prachtwerk »The Genus Iris« veröffentlicht. Er schwamm, so wissenschaftlich exakt dieses Buch war, auf der Welle des Jugendstils, und der schätzte Iris neben Lilien und Seerosen besonders hoch. Hatte sich Dykes noch intensiv mit den Wildformen und ihrer Namensgebung auseinandergesetzt, so kamen findige Laien bald auf die großen Variationsmöglichkeiten der Iris germanica bei gezielter Züchtung. Der deutsche Botaniker Peter Werckmeister lieferte die Theorie dazu.

Jahrhundertelang wurde die Art und ihre Varietäten in Kloster- und Arzneigärten, in ihrer klaren blauvioletten Form mit aufragendem seidigen Dom über samtigen Hängeblättern, kultiviert. Weniger der Schönheit willen als ihres vielfältigen medizinischen Nutzens wegen. Vor allem die Gegend um Florenz

ist auch heute noch für den »Poudre d'Iris« bekannt. Die nach Veilchen duftende Wurzel wird Schönheitsmitteln beigemengt. Die mild hautreizende Wirkung erzeugt eine leichte Rötung des Gesichts, die, ohne schädlich zu sein, über mehrere Tage anhält. In einem Reisebericht der Biedermeierzeit heißt es: »und die Reisenden kaufen es gerne von den industriellen Nönnchen.«
In zahlreichen Iris-Gesellschaften auf der ganzen Welt beschäftigte man sich nun mit der Züchtung neuer Farbvarianten, stärkerer Textur der Blütenblätter und leicht variierten Blütenformen. In der Zeit, in der Amerika zur politischen Weltmacht aufstieg, wurde es auch zur Weltmacht der Iris-Züchter. Ob Demokraten oder Republikaner, die Bürger dieses Kontinents haben Europas königliche Wappenblume gründlich verwandelt. Die Farbpalette der Blüten geht nun vom reinen Persilweiß, manchmal mit einem frech orangeroten Bart, über alle Gelb-Gold-Töne der Sonne, zartem bis tiefem Himmelblau, dem traditionellen Violett, das fast ins Samtschwarz vertieft wurde, bis zu tabakbraunen Farbnuancen. Als besondere Sensation traten in den letzten dreißig Jahren lachs- und pinkrosa Töne dazu.

Durch eine Veränderung des Chromosomensatzes sind die Blüten größer geworden, das Blütenblatt fester und damit witterungsbeständiger, und von den Hängeblättern fanden die Amerikaner, daß sie mindestens waagrecht stehen müßten. Außerdem hat jeder Blütenstiel eine viel größere Anzahl Einzelblüten, was die Blütedauer entscheidend verlängert.
Die Ergebnisse der Züchtung sollten nun auch von den Gartenbesitzern diesseits des Ozeans genützt werden. Aus ihrer mittelmeerischen Heimat und ihrem Hauptzüchtungsgebiet Kalifornien haben die Pflanzen einen großen Sonnen- und Wärmehunger mitgebracht. In einem kalten, schattigen Garten versagen sie. Da muß man sich dann an Iris sibirica halten, die fast einen Monat später blüht: ihr Züchtungszentrum ist in Berlin. Hierzulande wie auch jenseits des großen Teiches sind es nicht die Fachgärtner oder botanischen Institute gewesen, die die großen Veränderungen schafften - es sind Privatleute, ganz junge und ganz alte, Arme und Reiche, alle von fast manischer Besessenheit. Es sind Gestalten, äußerlich oft zart und fast gebrechlich, die mit ihrer Energie und Leidenschaft genausogut die Welt verändern könnten. Sie schlafen mit den Gedanken an ihre Sämlinge ein und sie wachen damit auf. In einer alten Blumensprache heißt es von der Iris: »Warum hast du mir die Ruhe meines Inneren geraubt?«

PAEONIEN

Wu Zetian ließ alle Paeonien ihrer Hauptstadt Chang'an ausreißen, weil sie nicht ihrem Befehl gehorchten und im Winter blühen wollten. Ziang Qing befürwortete in der Kulturrevolution die Vernichtung aller chinesischen Pfingstrosen, denn diese waren seit Jahrtausenden das Sinnbild von Reichtum und fortdauerndem Überfluß. Wu Zetian war tyrannische Kaiserin des Reiches der Mitte in der Tang-Dynastie (618 bis 907), Ziang Qing ist die Witwe Maos. Im Frühling 1976 kamen auf dem Tian'anmen-Platz im Herzen Pekings Tausende von Menschen zusammen, in langen Gedichten schmähten sie die Kaiserin Wu Zetian, einige der Gedichte sprachen davon, daß sie die Paeonien vernichtet habe, alle, die schweigend auf dem Platz zuhörten, wußten, wer in Wahrheit gemeint war. Viele brachten Kränze aus selbstgemachten Papierblumen oder hefteten wenigstens weiße Papierrosen an die Hecken. Offiziell galten diese spontanen Demonstrationen dem ersten Todestag des Ministerpräsidenten Zhou Enlai, doch Regierung und Viererbande wußten sehr wohl, gegen wen sich das Volk stellte. Nach einer Woche hatten die Menschen mit Blumen und Gedichten gesiegt: Ziang Qing und ihre Helfer waren ihrer Ämter enthoben, später verhaftet. Es durften wieder Paeonien gepflanzt werden. So politisch waren die sanften erotischen Blüten selten im Laufe der viele Jahrtausende währenden Geschichte ihres gemeinsamen Lebens mit den Menschen, und verfolgt wurden sie nur von jenen beiden streitsüchtigen Damen. Wahrscheinlich wurden Paeonien in keinem Land so andauernd und tief geliebt wie in China. Die züchterische Kultivierung hatte hier früh begonnen, früher als in anderen Teilen der Welt. Die Heimat der Gattung ist weit gespannt über die nördliche Halbkugel, am häufigsten trifft man Paeonien in den wärmeren gemäßigten Zonen, dort leben sie gerne hoch droben in den Bergen, wo die Nächte voll Tau sind und die Tage hell: eine Form ist sogar in Archangelsk am russischen Eismeer zu Hause, zwei andere sind es in Kaliforniens Blauen Bergen.

Doch nirgends hat man in so früher Zeit die Paeonien allein wegen ihrer Schönheit in die Nähe der Häuser und Paläste geholt, hat versucht, durch Kreuzung und Auslese die Farben und Formen zu verändern, wie in China. Vermutlich sind die Paeonien die ersten Zierpflanzen, die durch die Hand der Menschen züchterisch geformt wurden. Das »Jahrhundert der Züchtung«, in dem wir leben, begann anderthalbtausend Jahre zuvor in China. Berichte über die Stauden-Pfingstrose, die Shaoyao, findet man in den frühesten schriftlichen Aufzeichnungen. Der Name kann mit »charmant und wunderschön« übersetzt werden, der botanische Name Paeonia lactiflora heißt naturwissenschaftlich schlicht: milchweiß blühend, obwohl es doch ebenso

Paeonia Lactiflora-Hybride »Arrawas«

schöne Paeonien in allen rosa und roten Variationen gibt. Lactiflora-Hybriden sind es, die seit etwa hundert Jahren mit ihrem feinen Duft als Pfingstrosen die Gärten Europas und Nordamerikas am häufigsten zieren, sie haben die einheimischen, etwas übelriechenden Bauern-Pfingstrosen fast verdrängt. In den letzten Maitagen beginnen hier die frühen Sorten zu blühen, und der Flor der späten geht meist erst mit dem Juni zu Ende.
Schon um die Jahrtausendwende veröffentlichten chinesische Gelehrte Monographien über die Gattung. In Yangzhou, das in den Jahrhunderten der Sung-Dynastie das reiche Zentrum der Staudenpaeonien war, schrieb im zwölften Jahrhundert Wang Kuan ein Buch über sie, das bis heute erhalten blieb. Neununddreißig Varietäten sind darin beschrieben, die meisten Abbildungen aus früheren Werken übernommen, einige neue hinzugefügt.
Wang Kuan schildert auch einen Garten, in dem diese Blumen wuchsen. Er gehörte der Familie Chu, einem sehr vermögenden Handelsherrn. Im späten Frühling erblühten hier sechzigtausend Pflanzen der »Charmanten und Wunderschönen« und der Autor meint, daß so etwas die Welt zuvor noch nicht gesehen habe. Im Monat der Blüte war es eine rechte Wallfahrt zu dem Anwesen der Familie Chu und die Menschen strömten »wie der Yangzi« hindurch.

Die Besucher rezitierten sich gegenseitig die Gedichte, die sie an Steinen und Pavillons fanden, die die Schönheit der Natur und ihre Widerspiegelung in diesem Garten priesen. Die Steigerung des Lebensgefühls, das jeder chinesische Garten seinen Besuchern bieten möchte, wurde natürlich durch den Anblick von sechzigtausend blühenden Paeonienpflanzen unendlich erhöht.
Die Pfingstrosen, die man in China allen anderen vorzieht, die man auf Bildern, in Liedern und im Kunsthandwerk immer wieder darstellt, sind aber nicht die bei uns seit hundertfünfzig Jahren so wohlbekannten staudenförmigen Paeoniae lactiflorae, die, gleich den europäischen Paeonien, ihre Kraft zum Austrieb über den Winter in Wurzelrhizomen speichern, sondern die verholzende, mannshoch werdende Form der Strauchpaeonie Paeonia suffruticosa aus dem Nordwesten des Landes. Leider findet man sie nur selten in deutschen Gärten. Als sie etwa im dritten oder vierten Jahrhundert in das Bewußtsein der Menschen des Reiches der Mitte trat, war man von ihrer delikaten Schönheit so beeindruckt, daß sie über viele Jahre, jedoch nicht auf immer, den kaiserlichen Gärten vorbehalten blieb. Schon aus sehr früher Zeit ist die Lebensgeschichte eines reichen Adligen, Yuan Kuang-han aus der heutigen Provinz Shaanxi, verbürgt, der, von einer wilden Gartenleidenschaft besessen, seinen Garten in Maoling so exklusiv ausstattete, daß er den

Neid des Kaisers erregte. Yuan Kuanghan verlor seinen Kopf, und alle seine Gartenschätze, Pflanzen, Tiere, Steine, zogen in den kaiserlichen Park um.

Es gibt ein Rollbild aus der Tang-Dynastie, »Ladies in Waiting«, auf dem eine der Hofdamen die Blüte einer Strauchpaeonie auf dem Kopf trägt. An den Proportionen und an der reichen Füllung der Blüte kann man sehen, daß dies keinesfalls eine Wildform war, sondern daß China im achten Jahrhundert schon über fast perfekte Züchtungen verfügte. Die verhältnismäßig ruhigen Jahre in der Mitte dieser Dynastie hatten einen Reichtum wachsen lassen, wie er zuvor kaum an einem anderen Ort der Welt geherrscht hatte. Vor allem in der Metropole beschäftigten die Menschen in erster Linie Kultur, Luxus und gelegentliche kleine Skandale. Im Mittelpunkt der Blumeninteressen standen die Paeonien, die ja »fortdauernden Überfluß« bedeuteten. Wenn man schlicht »die Blume« sagte, so meinte man die Strauchpaeonien, sagte man »die Gärten«, so meinte man die Plätze, an denen sie kultiviert wurden. Über viele Jahrzehnte war es Brauch, daß der Magistrat der Hauptstadt Luoyang zur Zeit des Höhepunktes der Paeonienblüte zum Fest der Zehntausend Blüten aufrief. (Zehntausend steht in China immer für unzählbar viel.) Man errichtete Pfeiler und Wände, die ganz mit Paeonienblüten übersteckt wurden, jede einzelne in einem Bambusgefäß mit Wasser. Der Dichter Bai Juyi (772 bis 846) verbrachte seinen Lebensabend in Luoyang. In seinem Nachlaß befindet sich auch ein Gedicht über das Paeonienfest: »Dem Ende nähert sich der Frühling in der Kaiserstadt. / Menschen und Wagen drängen auf den Straßen. / Alle sagen, die Paeonien stehen in voller Blüte. / Sie gehen zusammen Blumen kaufen. / Einfach oder kostbar — es sind verschiedene Preise, wie viele Blüten die Pflanze trägt. / Für die erlesensten Sorten — hundert Ballen Damast. / Doch die einfachen schon für fünf Stück Seide.« Der sehr sozial eingestellte Dichter läßt dann einen alten Landarbeiter vorübergehen, der einen tiefen Seufzer ausstößt: »Er dachte sich: eine Pflanze mit dunkelroten Blumen / Bezahlt die Steuer für zehn arme Häuser.«

In Luoyang sah ich im April 1979 noch Sorten in voller Blüte, die im zehnten Jahrhundert gezüchtet wurden, die leuchtend rote »Familie Wei« und die cremefarbige »Yaos Gelbe«, von der nach dem Bericht des Ouyang Xiu aus dem Jahre 1031 eine frische Veredlung fünftausend Käsch kostete (allerdings brauchte man erst im folgenden Jahr zu zahlen, wenn die Pflanze tatsächlich angewachsen war). Aber ich sah in der Kaiserstadt am Drachentor auch Strauchpaeonien, die mir in ihrem Habitus eigentlich gar nicht gefielen, doch ständig standen übermütig lachende Menschen davor. Die schweren Blüten konnten kaum von den schwachen Stielen getragen werden und fielen in ungeregelter Ordnung total durcheinander. Ein Rätsel für europäische Augen, in all dieser Pracht etwas so ungezügelt Geformtes. Mein verstörtes Gesicht forderte eine Erklärung: Diese Sorte aus der Tang-Zeit heißt »Die trunkene kaiserliche Konkubine Jang« — sie wird zwölfhundert Jahre später noch vom Volk verlacht. In der Namensgebung entfalten die Chinesen ihre ganze Poesie und ihren Hang zur Neckerei. Eine leuchtend rote Paeonie heißt »Mutter kocht bei offenem Feuer« — eine tief purpurfarbige »Rotes Gewand, fleckig vom Wein« — und eine alte Sorte in einem hellen Cremeton: »Weißes Gewand, zerknittert vom Sohn des Himmels«.

In der Tang-Dynastie gab es in den Tempelgärten eigene Diener, die zur Blütezeit den Blumen aufzuwarten hatten. Mit Pinseln aus feinstem Kaninchenhaar wuschen sie am Morgen die Blütenblätter, und es heißt, daß diese Arbeit bei den Paeonien nur von einer stolzen Jungfrau im Staatskleid ausgeführt werden durfte. Den blassen schlanken Mönchen waren die Pflaumenblüten vorbehalten.

Damit nichts die Paeonien in ihrem Blühen störe, ließ Kaiser Xuanzong unzählbare winzige Goldglöckchen in die Zweige der Bäume und Sträucher seines Parks hängen, die Vögel in der Blütezeit vom Garten fernzuhalten. Den Gelehrten war das zuviel. Die Konfuzianer verachteten die zu große Pracht der Pfingstrosen und ihre stark erotische Ausstrahlung. Sie fanden, die Paeonienliebhaber beraubten sich selbst der Chance, »jenseits der Staubwelt« zu sein. Sie bevorzugten fast monochrome Gärten, die Japan zum Vorbild wurden.

Für Europa waren China und seine Zierpflanzen damals noch fast unerreichbar, von ganz wenigen Ausnahmen abgesehen. Selbst die großen Blumenmaler des Barock kannten noch keine chinesischen Pfingstrosen, nicht die Sträucher und nicht die Stauden. Sie begnügten sich meist mit der gefüllten Form der einheimischen Paeonia officinalis, die vorwiegend in Klöstern zu Heilzwecken angebaut wurde. Früh schon war die Heilkraft vor allem der Wurzel erkannt worden, so früh, daß sie ihren Namen nach Paion, dem griechischen Gott der Heilkunst, erhielt.

In Deutschland nannte man sie »Gichtrose«, da unter anderem Gichtmittel aus ihr gewonnen wurden. Nach der heiligen Appolonia heißen in Oberbayern die Samen »Appoloniakörner«; seitdem ein rüder Heide der Heiligen alle Zähne eingeschlagen hat, ist sie die Schutzpatronin der Zahnleidenden und Dentisten. Kleine Ketten aus Pfingstrosensamen waren Amulette vor allem der Kinder, sie vor Zahnschmerzen zu schützen. Wie Nieswurz, Zaunrübe und Seidelbast waren die Pfingstrosen ein viel gebrauchtes Abtreibungsmittel.

In einer alten Kräuterfibel steht über die Samen der Pfingstrosen: »Wo diss körner sind in eym huse mag der böse geyst nit schaden noch keyn ungewitter zu fügen.« Wie bei anderen Pflanzen mit stark verdicktem Wurzelstock, von dem man früh erkannte, daß er der Pflanze als Kräftespeicher diente, glaubte man hier auch die Reserve für magische Kräfte zu finden, die der Mensch bei entsprechendem Wissen nutzen könne. Plinius schreibt von der Pfingstrosenwurzel: »Sie schützt vor der Neckerei der Faune im Schlaf.« Damit die magischen Kräfte sich entfalten konnten, mußte man den abnehmenden Mond abwarten, um in dunkler Mitternacht die Rhizome auszugraben. Wenn es geschah, ohne daß ein Specht zuschaute, und wenn man die rechte Pflanze gewählt hatte, so konnte es glücken, mit ihr nicht nur Dämonen abzuwehren, sondern sie als Springwurz zu nutzen, die Türen und Schlösser öffnete, hinter denen geheime Schätze verborgen waren.

Diesen Ruf des antidämonischen Zauberkrautes haben sich die Pflanzen lange bewahrt, vielleicht wegen ihres fast grenzenlosen Selbsterhaltungstriebes. Wo einmal eine Staudenpaeonie im Garten saß, entwickelt sich noch nach Jahren aus Wurzelresten gleich einer Quecke fast immer wieder eine neue Pflanze.

Englische Pflanzenbuchautoren meinen, Paeonienwurzeln seien gut gegen »foreign witches« — leider konnte ich keine genauere Gebrauchsanweisung finden, obwohl sich Betroffene natürlich immer besonders dafür interessieren. Ist es die Blütezeit, ist es die ungewöhnliche Pracht oder vielleicht ein Rest des alten Zauberglaubens, daß so häufig Altäre mit der Paeonie geschmückt werden? Als »Rose ohne Dornen« wurde sie zur Marienblume. In Asien gab man sie Amithaba, dem Buddha der Liebe, in die Hände, denn immer symbolisiert sie neben Reichtum und Luxus ein erfülltes Leben in Liebe. Vor dreieinhalbtausend Jahren wurde im chinesischen Buch der Lieder aufgezeichnet: »Der Ritter und die Dame trieben ihr Spiel, denn sie gab ihm eine Paeonie.«

ROSEN

Es war Frühsommer 1939. In Antibes in Südfrankreich trafen sich Rosenspezialisten aus ganz verschiedenen Teilen der Erde. Aus Amerika ebenso wie aus europäischen Ländern. Man wollte die neuesten Rosenzüchtungen von Papa Meilland begutachten. Er hatte sein ganzes Interesse der Schaffung neuer Sorten zugewandt, die nicht nur schöner und krankheitsresistenter sein sollten als die bisherigen Rosen, sein Ziel waren Rosen, die so anpassungsfähig und widerstandskräftig waren, daß sie unter den verschiedensten Klima- und Wachstumsbedingungen beste Ergebnisse brachten. Papa Meilland war der erste Züchter, der in weltweiten Dimensionen dachte. Unter den hunderttausenden von jungen Rosen, die als Ergebnis der Meillandschen Kreuzungen aufgepflanzt waren, alle noch namenlos, nur an einer Ziffer kenntlich, fiel eine einzige Rose völlig aus dem Rahmen der übrigen. Sie trug die Nummer 3-35-40, war deutlich wuchskräftiger als ihre Schwestern, ein bißchen drall, aber sehr gesund im Habitus, mit kräftigem dunkelgrünen Laub, starken Stielen, die tropfig-runde Knospen trugen, die sich zu ungewöhnlich großen, zartgelben leicht rosa überhauchten Blüten öffneten, die einen sanften Teerosenduft verströmten. Alle Gärtner wollten Veredlungsaugen mitnehmen und Papa Meilland, großzügig auf der einen Seite, interessiert an einem internationalen Test auf der anderen, gab allen anwesenden Rosenfreunden Veredlungsmaterial der Sorte 3-35-40 mit nach Hause. Doch bevor noch die schlafenden Augen an den verschiedensten Weltorten aus den Wildlingen austreiben konnten, war diese Erde in zwei Lager geteilt. Der Weltkrieg hatte begonnen. Jeder Kontakt war unterbrochen. Doch die Rosen wuchsen. Ob in Amerika, in Spanien, in England oder in Stuttgart in der Gärtnerei Pfitzer - jeder Kenner, der die neue Meillandsche Rose wachsen und blühen sah, wußte sofort, daß sie etwas völlig Einmaliges, nie zuvor Erreichtes sei, alle wollten sie haben - doch Rosen sind keine Nummerngirls. Nie ist eine unter einer Kennziffer verkauft worden. Aber auch noch nie zuvor wurde eine Rose ohne Einverständnis des Züchters benannt - der Kontakt zu ihm war unterbrochen - was tun? Nach langer politischer Überlegung gab Paul Pfitzer der Meillandschen Rose den Namen: Gloria Dei, Ehre Gottes, als Protest eines Gärtners gegen Hitler und seinen Krieg, den er als personifizierten Antichrist, als teuflisches Unterfangen empfand. Ohne voneinander zu wissen, gab man der Rose in Amerika den Namen »Peace« - Frieden. Es war die gleiche innere Einstellung der Rosenfreunde auf beiden Seiten der Fronten. Beide Namen trafen in das Zentrum dessen, was Menschen seit eh und je beim Anblick von Rosen, bewußt oder unbewußt, empfunden haben.

Sie war in unzähligen Regionen mystische Blume des Erkennens

Rosa multiflora Hybride »Madeleine Seltzer«

göttlicher Liebe, die den Herzen Frieden gab. Aber sie war durch ihre Stacheln auch die Blume schmerzlichen Leidens an der Liebe - sie wurde in christlicher Zeit die Blume Marias. Immer waren es die weiblichen, mütterlichen Gottheiten, die sie schmückte. Als Venus aus dem Meer geboren wurde, bedeckte ein Gürtel weißer Gischt ihre Lenden - als sie an Land stieg, wandelte er sich in weiße Rosen. Beim Tod ihres Geliebten Adonis fiel sein Blut darauf und färbte die Blüten rot.

Rom weihte sie seiner Liebesgöttin Aphrodite. Gewiß nie zuvor und nie danach sind so viele Blumen einem Kult gespendet worden. In Bacchanalien erstickten Zecher unter dem Überfluß an Rosenblüten, die die Gastgeber auf sie herabregnen ließen.

Rom war von Rosenfeldern umgeben, für die man Oliven und Weizen ausriß und da die Erzeugung trotzdem noch hinter dem Bedarf zurückblieb, importierte man Rosenblätter aus Ägypten, auf den Schiffen, die eigentlich Korn bringen sollten.

So sehr waren Rosen mit dem heidnischen Aphroditekult verknüpft, daß bei der Christianisierung Roms die Anhänger des neuen Glaubens die Rosenfelder zerstörten und glaubten, mit der Vernichtung der Pflanzen den Aphroditekult zu töten. Die Vernichtung des Kultes gelang, was sich als unmöglich erwies, war die Tötung der Liebe der Menschen zu den Rosen - dieses Gefühl war stärker als die Gestalt der Göttin. Es blieb den christlichen Priestern keine andere Wahl als das Symbol zu wandeln, aus der Blume Aphrodites wurde die Blume der Muttergottes.

Die gefüllten, duftenden Rosen, die man in Rom so schätzte, waren nicht in Deutschland beheimatet, aber sie haben hier Heimatrecht erhalten, vor fast zweitausend Jahren. Die römischen Damen am Rhein wollten auf den gewohnten Kopfschmuck nicht verzichten, und mit anderen Luxusgütern schleppten die Marketender Rosen über die Alpen. Sie kamen als Wurzelrißlinge, obwohl die Römer die Kunst der Rosenveredlung durch Einsetzen von schlafenden Augen in den Wurzelhals beherrschten. Es kam damals Rosa gallica rubra und etwas später vermutlich Rosa alba. Erst die Kreuzritter brachten die Damaszener-Rose. Aber alle sind sie Orientalen, niemand kann heute mehr sagen: Hier war ihr Wildstandort. Meder, Perser, Griechen, Römer haben sie gekannt, geliebt und besungen.

Als das römische Reich unterging, als es einige Zeit keine weiblichen Luxusgeschöpfe gab, flüchteten sich die Rosen ins Kloster. In den Gärten der Mönche haben sie die schwierigen Zeiten überdauert. Daß man sie in der Medizin nutzen konnte (Rosa gallica trägt den Beinamen »officinalis«), erhöhte ihre Überlebenschancen. Mittlerweile hat sich gezeigt, daß wurzelechte Rosen in der Lage sind, fast jede Form der Verfolgung zu überstehen - in manchen Gegenden behandeln die Bauern sie wie Unkraut, mähen sie regelmäßig, verbrennen die Hecken, in die sie sich verkriechen, oder Gemeindeverwaltungen führen die Fluchtstätten der Rosen, die alten Friedhöfe, neuen Bestimmungen zu. Diese alten Rosen haben die Kräfte der Erneuerung in den Wurzeln, die sie bis neun Meter tief in den Boden senken und Ausläufer daraus treiben. Versucht der Mensch, sie oberirdisch zu zerstören, mobilisieren sie die Kräfte des Überlebens in ihren tiefsten Tiefen. So können sehr alte Rosenstöcke tatsächlich gelegentlich den Besitzern zur Plage werden, vor allem, wenn ihre Häuser noch in Lehmfachwerk gebaut sind, wie das des Dithmarscher Schumachermeisters Hermann Blaschke in Meldorf, dem es ging wie dem Dornröschen. 1890 hatte der Vater das Haus in der Burgstraße gekauft, dem fünf Stöcke Rosa alba schon bis aufs Dach geklettert waren. An verschiedenen Stellen, an Scheuerleisten und Fensterlaibungen, wuchsen die Rosen in das Haus durch die lehmgemauerten Wände hindurch.

Wie ein roter Faden zieht sich durch die Jugend des Schuhmachers der Kampf der Familie Blaschke gegen die Rosen-Eindringlinge. 1930 glaubte die Familie Ruhe zu haben, als sie vier der Rosenstöcke aus reinem Selbsterhaltungstrieb vernichtete. Aber die letzte Rose, nun ein Einzelkämpfer, gab sich nicht geschlagen. 1945 war für sie ein Siegesjahr. Sie wucherte innen um Fenster und Türen, setzte hinter den Scheiben im Zimmer Blüten an, durchwuchs den Giebel, stülpte Dachpfannen herunter, um endlich das ihr doch genehmere Sonnenlicht zu gewinnen. Es blieb den Blaschkes nichts übrig, als an fast allen Wänden des Hauses das Fachwerk durch Beton zu ersetzen. Nun schiebt die Rose nur noch einen einzigen Trieb durch eine Ritze in den Flur.

Warum gerieten die alten Rosen so ganz aus dem Gesichtsfeld vieler Generationen? Zwei Ereignisse verschiedener Art waren es, die einander gegenseitig steigerten. Zunächst war es die übergroße Rosenliebe einer Frau, die ein Zeitalter der Rosenleidenschaft prägte, das die Tulpomanie der Holländer ablöste. Und etwa zur gleichen Zeit geschah etwas, das Victoria Sackville-West so beschreibt: »China öffnete die dichtverschloss'ne Pforte nur um den Spalt, der seinen Rosen Durchlaß gab.« Die Frau war Josephine Beauharnais, sechs Jahre Kaiserin der Franzosen. Ihre Pflanzenliebe und Leidenschaft veränderte die Gärten der Zeit. Plötzlich wurden die architektonischen Elemente weniger wichtig, die Fontänen, Teiche, Treppen; die Pflanzen traten in den Mittelpunkt. Josephine, im Rosenmonat Juni auf Martinique geboren und auf den Namen »Rose« getauft, rüstete Expeditionen aus, von fernen Weltteilen neue Pflanzen zu bringen (neben den Rosen hatte Erica ihr besonderes Interesse). Die Hochachtung der Engländer für diese Frau war so groß, daß sie während des englisch-französischen Krieges Schiffe, die sie aufgebracht hatten, wieder freigaben, wenn sie Pflanzenfracht für Josephine enthielten. Ein Engländer mit Namen Kennedy durfte, von beiden Seiten unbehindert, die Fronten passieren, der Kaiserin die neuesten englischen Rosen zu liefern. Trotzdem wären jetzt fast alle ihre Rosen vergessen und vergangen, hätte Redouté sie nicht auf solch einmalige Weise gemalt.

Als Josephine 1814 starb, waren schon die ersten chinesischen Rosen in Europa, die sich gegenüber den bis dahin bekannten durch eine ganz besondere Eigenschaft auszeichneten: Sie blühten vom Juni bis zum Frost. Die von Josephine ausgelöste Rosenbegeisterung trug zunächst in Frankreich, dann in England, Deutschland und den skandinavischen Ländern die mühselige, aber beglückende Arbeit der Züchter, durch Bestäuben der europäischen Rosen mit chinesischen Rosenpollen neue Sorten zu erzeugen, die nun sommerlang blühten. Unzählbar viele Rosen werden seitdem jedes Jahr gekreuzt, unzählbar viele Entscheidungen über die Qualität der Sämlinge werden gefällt, damit etwa alle zehn Jahre eine jener Rosen entsteht, die man heute als »Weltrose« bezeichnet. »Maréchal Niel«, die 1864 in den Handel kam, war vielleicht die erste. Wir würden sie den »alten Rosen« zuordnen wollen, hätten die Fachleute die Grenze nicht schon 1850 gezogen. In unserer Zeit entstanden die Weltrosen Gloria Dei, Baccara und Sonja Meilland aus jener französischen Züchterfamilie Meilland, dann Super-Star von Tantau in Uetersen. Alle diese Rosen haben kräftige Stiele und viele Blüten, wichtig für die Schnittrosengärtner. Was ihnen fehlt, ist der verschwenderische Duft, der neben den besonderen Farben den Charme der alten Rosen ausmacht.

Der Nachteil der alten Rosen liegt in ihrer Wetterempfindlichkeit: Regen behindert ihr Blühen, Mehltau, Läuse und Sternrußtau befallen sie fast jeden Sommer.

Den Druck so vieler neuer Sorten konnten die alten Rosen nur in der Emigration überstehen. Ihre Wurzeln, über Jahrhunderte als Geschenke aus der Hand eines Rosenfreundes in die eines anderen gewandert, krochen nun unter Mauern und Schutthalden. Sie wurden gleich Gräbern auf Friedhöfen vergessen oder überdauerten als »Wilde« unbeachtet in Gartenecken. Jedermann strebte nach dem Neuen. So rasch, wie die Rosenliebhaber es wünschten, waren die neuen Sorten durch Wurzelrißlinge oder Steckholz nicht zu vermehren. So entsann man sich der alten Methode der Veredlung, die für die Gärtner den Vorteil hatte, daß sie von Laien weit weniger leicht auszuführen war und daß die Rosenpflanze schneller zu einem stattlichen Exemplar heranwuchs - und schließlich: daß ihr Leben nun nicht mehr hundert Jahre und länger währte, sondern nach fünfundzwanzig Jahren beendet war. So wurden Rosen plötzlich zu einem Wirtschaftsfaktor, der nicht nur Gärtnerfamilien, sondern ganze Ortschaften ernährte.

Doch wer entscheidet unter den Rosenfreunden, was eine Weltrose wird, wer gibt den Weg frei, wer nennt die Ziele der Bewertung, die die Züchter ansteuern? Das tun in Deutschland die Rosisten, seit 1883 zusammengeschlossen im Verein Deutscher Rosenfreunde. Am Anfang der Geschichte dieses Vereins steht die Gestalt eines wahren Rosenenthusiasten, eines Straßenbauunternehmers aus der Wetterau. Er war vier Jahre Redakteur der Rosenzeitung und sehr viel länger Geschäftsführer des Vereins: Conrad Peter Straßheim. In Frankfurt-Sachsenhausen, in der Nähe der Louisa, gründete er den Kleingartenverein »Rosisten«, dessen Rosenbögen und Rosenlauben mir noch von Spaziergängen aus der Kindheit bekannt sind. Doch Ende der zwanziger Jahre müssen dort auch schon andere Pflanzen außer Rosen gewachsen sein, denn ich erinnere mich eines herben Streites meiner Eltern, ob der spitze oder runde Wirsing von größerem Wohlgeschmack sei, und er wurde in der Rosistenanlage ausgetragen.

Wenn man ein Rosarium besucht, so wird einem erst klar, welch grundverschiedene Pflanzen sich unter dem Sammelbegriff »Rose« verbergen. Keineswegs sind es ausschließlich jene, die als ein Meter lange kerzengerade Grenadiere heute die Blumengeschäfte beherrschen, es sind auch Pflanzen, die nur zehn Zentimeter hoch werden und pfenniggroße Blüten tragen, es sind ebenso jene Strauchrosen, die eineinhalb bis drei Meter hoch wachsen und von denen manche Sorte sommerlang als ein einziger Rosenstrauß blüht wie »Westerland«, eine der bedeutendsten Züchtungen von Kordes. Aber es sind auch jene Klettermaxen, denen man in England viel mehr Aufmerksamkeit schenkt als bei uns. Dort läßt man die bis neun Meter hohen schlanken Athleten in die Bäume steigen, »Bobby James« oder »Silver Wedding« heißen ihre Stars, und sie verzaubern einige Juni-Wochen die ernstesten Koniferen.

Rilke ließ auf seinen Grabstein im Kirchhof von Raron einen Epitaph einmeißeln:

»Rose, oh reiner Widerspruch,
Lust, niemandes Schlaf zu sein,
unter soviel Lidern.«

Fingerhut

Der Fingerhut, der zur Mittsommerzeit die Wälder europäischer Mittelgebirge ziert, war der Wissenschaft lange eine »Blume im Verborgenen«. Griechen und Römer hatten ihn nicht beachtet, obwohl allein in Griechenland sechs Arten heimisch sind. Der Arzt und Botaniker Leonhart Fuchs beschrieb die Pflanze 1542 zum erstenmal: »Diss gewechss würdt von uns Teutschen Fingerhut geheyssen, darumb das seine blumen einen fingerhut so man zu dem näen braucht, gantz und gar ähnlich seind. Wie es bey den alten geheyssen sey worden, kan ich nit wissen, ist ihnen villeicht nit bekannt gewesen. Man mags in mittler zeit, biss man einen bessern namen findt, wie wir in unserm Lateinischen Kreutherbuch getan haben, Digitalem zu Latein, dem Teutschen namen nach nennen. - Ist in summa ein schön lustig kraut anzusehen, habs derhalben nit künden übergeen, unangesehen das es noch in keinem brauch ist bey den ärzten, so vil und mir bewusst.« Vier Jahre später hat Hieronymus Bock den Fingerhut in seinem »New Kreutterbuch« abgebildet. Linné übernahm den Namen: Digitalis. Heute sind sechsundzwanzig Arten klassifiziert, unser einheimischer Fingerhut heißt Digitalis purpurea. Das »in summa schön lustig kraut« ist eine zweijährige Pflanze. Noch während der Blütezeit beginnt die Samenreife, und oft wachsen um die noch blühende Mutterpflanze schon die winzigen Jungpflanzen heran. Die behaarten Blätter bilden in Bodennähe eine gut aufgebaute Rosette und bleiben den ganzen Winter grün. Frost und Schnee tun dem Fingerhut nichts, doch einige Insektenarten lieben es, den fleischigen Wurzelhals als Wintervorrat zu benutzen, was eine übermäßige Ausbreitung verhindert, denn jede Pflanze produziert ein, zwei Millionen Samenkörnlein.

Ende April beginnt der kräftige Stiel zu wachsen. Die Blätter folgen ihm, in wechselndem Stand sich verjüngend, so daß innerhalb zweier Monate ein schlanker Glockenturm entsteht, der, wenn die letzten Blüten sich öffnen, oft fast Mannshöhe erreicht. In freiem Stand, wenn die Stiele beizeiten lernen, sich den Gefahren des Windes anzupassen, trotzen sie Stürmen besser als an geschützten Plätzen.

Der bei uns einheimische rote Fingerhut, aber auch der weiße und zitronengelbe, haben Blüten, die von innen behaart sind, andere Arten sind auch von außen bepelzt. Durch Gartenflüchtlinge und Wildkreuzungen wurden die Arten so vermischt, daß auch die rote Prominenz gelegentlich einen Pelzmantel anzieht, statt sich nur diskret innen in den Nerz zu hüllen.

Die tiefen Röhrenblüten haben dunkle, süße Saftmale, gescheckt wie das Fell eines Leoparden. Für den Menschen sind sie ohne Duft, nur wenn man die Blätter zerreibt, entsteht eine leicht narkotische Atmosphäre. Aber die großen Glok-

Digitalis purpurea

ken sind Luxusherbergen der Hummeln. Mit zufriedenem Gebrumm kriechen sie tief in den Grund der Blüten, wo der Honig sitzt. Gelegentlich schlafen sie auf den süßen Betten ein, und ich habe schon manche ärgerliche und erschreckte Hummel erst im Blumengeschäft aus ihrer Trunkenheit aufwachend erlebt.

Wenn die Wissenschaftler den Fingerhut auch so lange nicht beachteten, das Volk hat ihn immer bewundert und gefürchtet, in seine Sagen und Märchen verflochten. Schon die Namensgebung ist vielfältig und sagt einiges über das Verhältnis, das man zu dieser Pflanze hatte. Ist das erzgebirgische »Jungfernhemdel mit Flöhkrakern« (Mädchenhemd mit zerdrückten Flöhen) nur drastisch, so klingt aus anderen Volksnamen doch das Unheimliche, das man in der Pflanze spürte: »Rote Totenglocke« oder »Teufelsglocke« in Deutschland, in England »Witchs Thumble« und »Bloody Mans Finger«, aber vor allem »Foxglove«. Schon im vergangenen Jahrhundert erklärten allerdings die britischen Linguistiker, dies meine nicht »Fuchshandschuhe«, sondern im alten Angelsächsisch komme »glov« von »gliew« oder »gleow«, was ein Musikinstrument bezeichne, das aus aufgehängten Klangkörpern bestand. Der Name Foxglove bedeute Fuchsmusik. Diese Musik für die Füchse erzeugten in merry old England die Elfen, denn den Engländern sind die Fingerhüte die Blumen der Feen und Elfen.

Die Förster sagen, daß Kahlschläge innerhalb kürzester Zeit von Digitalis purpurea besiedelt werden, der dort acht Jahre wächst, blüht und fruchtet. Dann ist das junge Holz zu stark geworden und verdrängt ihn. Doch der typische Standort ist auf mineralischen Böden, am Rande einsamer Waldlichtungen, nahe den geheimen Eingängen zu den Schätzen der Berge, zu Erz, schönem Gestein und allerlei Wunderbarem. Hier verborgen hausen die Geister der Berge, die den Menschen wohlgesonnen sind, aber auch jene, die sie umgarnen und zu törichten Taten verführen. Voll Übermut springen die Feen in die Blüten der Fingerhüte und läuten die Glocken, die Fuchsmusik. Die Spuren ihrer kleinen Hände bleiben dann als die dunklen Saftmale zurück.

Gemeinsam mit Tollkirsche, Bilsenkraut, Haschisch und Farn ordnen die Astrologen den Fingerhut dem Planeten Saturn zu. Er ist der Planet der Begrenzung, des Dunkels, der Gegenspieler der Sonne. Er zwingt zur Reife, zur Konzentration, zur Selbstbescheidung. In Frankreich nennt man den Fingerhut »Gants de Notre-Dame«, aber dies erst seit einigen Jahrhunderten. Zuvor war er die Blume der Hexen, die sie in ihren Salben für mancherlei Zauberei brauchten. Im dreizehnten Jahrhundert mußte alles ausgerottet werden, was zu den Hexen in Beziehung stand. Da man den Fingerhut nicht ausrotten konnte, wurde er kurzerhand »unserer lieben Frau« an die Hand gesteckt.

Tatsächlich stehen chemisch die Genine, die nicht zuckerhaltigen Bestandteile des Fingerhuts, den Keimdrüsenhormonen nahe. In Meyers Konversationslexikon von 1875 heißt es noch: »lähmt die Nerven der Geschlechtsorgane«.

Seine Einführung in die Herzmedizin verdankt Digitalis letztlich einem alten englischen Kräuterweiblein. Der Arzt Dr. William Withering hörte im letzten Drittel des achtzehnten Jahrhunderts von einer Pflanzenkundigen aus der Grafschaft Shropshire in Westengland, die ein aus zwanzig Kräutern bestehendes Mittel habe, das den selbst von berühmten Ärzten schon aufgegebenen Wassersucht-Kranken noch helfen könne. »Allein dem erfahrenen Arzt war es nicht schwer«, schrieb Withering zehn Jahre später, »sogleich einzusehen, daß unter der ganzen Mischung keine andere Pflanze als nur der Fingerhut obgedachte Wirkungen hat verursachen können.« Noch als Student hatte Withering wenig Neigung gezeigt, sich mit Botanik zu befassen. In einem Brief an seine Eltern steht: »Der botanische Professor gibt jährlich dem seiner Schüler eine goldene Medaille, der am fleißigsten in diesem Wissenszweig war. Ich glaube, das wird kaum Anreiz genug sein, meine Abneigung, die ich gegen das botanische Studium habe, zu bannen.« Später, nach seiner Arbeit über die Wirkung der Digitalis auf Herzkranke, schrieben ihm seine Freunde auf den Grabstein in der Kirche von Edgbaston: »The Flower of English Physicians is now Withering.«

Die Wandlung seiner Einstellung zu Pflanzen war durch eine seiner ersten Patientinnen, Helene Cooke, gekommen. Für sie sammelte er Blumen, und durch sie lernte er die Kräfte der Bäume, Sträucher und Kräuter begreifen. Seine berühmt gewordene Arbeit von 1785 »An Account of the Foxglove and Some of its Medical Uses« zeigt Withering als einen kritischen, bescheidenen und genauen Charakter. Er erkannte, daß nur ein ganz bestimmtes Krankheitsbild mit Digitalis zu behandeln sei, und auch, daß die Wirkstoffanteile in den Blättern Schwankungen unterliegen. Zur Mittsommerzeit seien sie am höchsten. Er konnte noch nicht wissen, daß gärtnerisch herangezogener Fingerhut kaum Wirkstoffe enthält. Voll Naivität erzählt er, daß er die von ihm vermutete Wirkkraft des Fingerhuts zunächst nur an armen Leuten zu erproben wagte, die er sowieso umsonst behandelte, bis auch die Reichen darauf drängten, die neue Wunderdroge zu erhalten.

LILIEN

Herkules war das Kind Jupiters und einer Irdischen. Die Unsterblichkeit konnte er nur durch Junos Muttermilch erlangen. Wie es Jupiter mit List dahin brachte, erzählt der »Historische und Verständige Blumengärtner 1715«:
»Dieweil man iedoch unterweilen die aller schweresten Dinge zu wege bringen kann, wann man nur die Gedanken drauf verwendet; so fügte es sich auch, daß diese Göttin eines Tages zu viel Nectar zu sich genommen und eingeschlaffen. Jupiter, der ihn ausdrücklich dazu zugerichtet, wolte diese Gelegenheit nicht vorbey gehen lassen, rieff deswegen den Hercules, und ließ ihn der Juno Brüste saugen, die dannoch nicht darüber erwachete.
Es hätte einer sehen sollen, wie dieser Gott die Unsterblichkeit hinein schluckte, und mit was Hertzens Vergnügen er an diesen schönen Brüsten soge. Er befand diesen Saft so vortrefflich, daß er beyde Backen voll nahme, und darüber etwas auf die Erde fallen liesse: alldieweil nun alles, was von einer Gottheit kommt, allezeit etwas köstliches bey sich führet, und niemahls ohne Kraft nicht ist, so sahe man auch sofort aus dieser verschütteten Milch eine schloßweise und trefflich wohlriechende Blume entstehen, welcher dieser Name, Lilie, gegeben wurde.«
Aphrodite ärgerte sich so über die Ausstrahlung von Reinheit und Unberührtheit dieser neuen Blume, daß sie ihr flugs einen leuchtend gelben Fruchtstempel, in der Form des Phallus eines brünstigen Esels, einsetzte.
Wenn man kulturgeschichtlich »die Lilie« sagt, so ist fast ohne Ausnahme die Madonnenlilie unserer Marienaltäre, Lilium candidum, gemeint. Seitdem der Mensch geschichtlich wurde, tritt diese Lilie gemeinsam mit ihm auf, nicht mehr als Wildpflanze, sondern bereits als kultiviertes Gartengeschöpf. In Assuan findet man sie auf einem Steinsarkophag aus dem Jahr 2500 vor Chr.; trotzdem sagen die Botaniker, daß sie nicht in Ägypten beheimatet ist, eher im Raum zwischen Euphrat und Tigris. Sie war also bereits als begehrte Gartenpflanze zum Nil gereist. Vom Zweistromland wanderte sie über Kreta, hinterließ in den minoischen Palästen ihre Spuren, und weiter zog sie mit den phönizischen Handelsschiffen durch die damals bekannte Welt. Vornehmlich in der Nähe der bevorzugten Ankerplätze kann man Lilien in Gärten und Landschaft finden.
Die Geschichte der weißen Madonnenlilie ist in ihren Darstellungen in der Kunst ziemlich exakt zu verfolgen. Wie der Mythos von einer göttlichen Geburt berichtet, so blieb sie auch lange dem Weihedienst an den Altären vorbehalten. Die Aura von Würde, die sie umgibt, erheischt Respekt. Es war nur natürlich, daß sie rasch auch von den Mächtigen, nicht nur des jeweiligen Klerus, sondern auch des Staates adoptiert wurde. Viele Zepter krönten Lilien, vielleicht sind sie

Lilium longiflorum

überhaupt das Urbild des Zepters als Herrscherstab, Zeichen des Rechtes, der Ordnung und Macht. In Babylon zeigen Flachreliefs feierliche Züge von Edlen, die liliengeschmückte Stäbe tragen. Durch die Jahrtausende zierte sie die Wappen großer Familien.

Ist die Rose die Blume des Blutes, gefühlsbetonter Erotik, so ist die Lilie das Symbol der Erwählung, der Reinheit, der Hoffnung. In Allegorien erscheint Pudicitia, die Schamhaftigkeit, als weißgekleidete Frau mit einer Lilie in der Hand. Auf den unzähligen Mariendarstellungen des Mittelalters trieb man die Schamhaftigkeit so weit, daß die Blüte ohne Fruchtstempel und Staubgefäße gemalt wurde, bar aller Geschlechtlichkeit. Es scheint, als habe solch zögernde Keuschheit, solch ständige Prachtdarstellung, solch andauernde Verweigerung der Sinnlichkeit im Laufe der vielen Jahrtausende des gepflegten und geschützten Zusammenlebens mit den Menschen die Lilie verweichlicht. Gleich dem Safran hat sie seit einer nicht mehr nachweisbaren Zeit ihre Zeugungskraft verloren - für König Salomon hat sie sie gewiß noch besessen, wie hätte es sonst im Hohelied heißen können: »Wie die Lilie unter den Dornen, so ist meine Freundin unter den Mädchen.« Im Römischen Reich war sie noch ein Hoffnungssymbol auf reiche Nachkommenschaft der Herrschenden, viele Münzen ziert eine Lilie mit der Umschrift »Spes populi romani«. Doch seit Lilium candidum botanisch näher erforscht wurde, weiß man, daß es sich nur durch Brutzwiebeln vermehrt, daß jener prächtige Stempel, unter dem Hohngelächter Aphrodites eingepflanzt, taub und unfruchtbar bleibt.

Man war sich im Kreis der Botaniker dieser Unfruchtbarkeit ganz sicher - bis ausgerechnet eine militärische Aktion diese vorgefaßte Meinung zerstörte. Um die Front der Mittelmächte von Griechenland her aufzurollen, ließ Winston Churchill 1917 ein Expeditionschorps in Saloniki landen.

Für den Ausgang des Krieges blieb diese Unternehmung bedeutungslos, aber sie brachte botanischen Gewinn: der englische Major N. Norman Ambler fand in den Bergen nördlich Salonikis größere Bestände von Lilium candidum. Er grub einige Zwiebeln aus und sandte sie nach England. Dort wuchsen sie und blühten; zum entgeisterten Staunen aller fruchteten sie reichlich. Waren sie nun doch bei Saloniki heimisch und hatten sich an diesem Wildstandort fertil erhalten oder hatte man sie dorthin gebracht, als sie noch zur Samenbildung fähig waren?

Der Bannfluch alter Geschlechter schien damit gebrochen. Schon bald nach 1918 gab es viele Zuchtversuche, vor allem in den USA. Neue Namenssorten wurden auf den Markt geworfen, rasch erhielten sie hohe gärtnerische Orden, neue Hoffnungen knüpften sich an die Verjüngung - aber es war nur eine befristete Lebensverlängerung. Allein nach dem, was ich in Jahrzehnten beobachtet habe, siecht dieses alte herrliche Geschlecht unrettbar dahin. Vor etwa 60 Jahren wuchsen sie noch prächtig in Frankfurt, es gibt ein altes Foto von dem Grundstück, auf dem ich heute lebe, das meinen gärtnernden Schwiegervater im Juni, zur Zeit der großen Fronleichnamsprozessionen in einem Lilienfeld von vielen tausend Stielen bei der Ernte zeigt. Heute gelingt es mir trotz allergrößter Mühe nicht, auch nur eine einzige Madonnenlilie zum Blühen zu bringen.

Lilien bilden ihre Zwiebeln als ein Wunderwerk an Technik und Schönheit aus. Wachsen Zwiebeln auf Lehmböden, die bei Trockenheit stark schrumpfen und reißen, so daß die Zwiebelkörper einem starken Außendruck standhalten müssen, dann legen sie, wie unsere Küchenzwiebel Haut über Haut, um statisch den Druck auffangen zu können. Anders die Lilien. Ihr Wildvorkommen ist in humosen Böden am Waldrand, selten in der Wiese. Zwar sitzen die Zwiebeln gerne auf kiesigem Untergrund, der guten Wasserabzug gewährleistet, aber die Zwiebel selbst ist von lokkerem Verrottungssubstrat umgeben, das kaum Außendruck auf ihre Wandung ausübt. So haben die Lilien ihre Speicherorgane in viele kleine einzelne Zwiebelschuppen unterteilt, die locker, Schüppchen über Schüppchen, um die zentrale Achse aufgebaut sind; zwischen ihnen können sich mehr oder minder viele Brutzwiebeln entwickeln.

Erst mit der Entdeckung Amerikas erweiterte sich die Kenntnis der Lilien. Zu den acht Europäerinnen gesellten sich zwanzig bis dahin unbekannte Arten. Das wahre Lilienfieber begann aber mit dem Auffinden und Transfer der über 49 Arten ostasiatischer Lilien. Die Botaniker Kaempfer, von Siebold und Veitch sandten die ersten Zwiebeln aus Japan. Es waren nie geahnte Blütenwunder, das weiße Lilium longiflorum, das, auf den Bermudas vermehrt, rasch zur Osterlilie Amerikas avancierte. Dann das türkenbundförmige, bis 1,80 m hohe Lilium speciosum mit reinweißen oder häufiger rot gepunkteten Blüten, das sich in riesigen Kandelabern aufbaut und in der Vase bis zu drei Wochen blüht. Aber beide Schönheiten werden noch übertroffen durch die dekorative Pracht der Goldbandlilie (Lilium auratum), deren schalenförmige Blüten einen Durchmesser von über zwanzig Zentimetern erreichen können. Die Lilien Japans lieben ohne Ausnahme einen sauren, lockeren Humusboden und sind für Vulkangesteinsmehl dankbarer als für reichliche Düngergaben.

Aus Chinas erotischen Romanen kannte man die Beschreibung der liliengleichen Damenfüße, lange bevor man chinesische Lilien hatte blühen sehen. Erst um 1900, als der große englische Botaniker E. H. Wilson in den Provinzen Sichuan, Yunnan und Hubei, am Ostabhang des Himalaya arbeitete, kamen in größerem Maße chinesische Lilienzwiebeln nach Europa. Unsere Gärten verdanken diesem Mann unendlich viele neue Pflanzen. Seine große Liebe aber galt den Lilien, deren Transport durch die unwegsamen Gebirge zur Küste und dann weiter über See besonders risikoreich und kompliziert war. Es ist ihm für fast 40 neue Arten und Varietäten gelungen. Wilsons wichtigste Entdeckung war Lilium regale, eine wirklich »königliche« Trichterlilie. Er fand sie in Sichuan im zerklüfteten Tal des Min-Flusses etwa eintausend Meter hoch. Hier sind die Sommer heiß und die Winter nur mäßig kalt. Von Ende Mai bis Anfang Juli verwandeln diese Lilien das desolate, tief einsame Gebiet in einen Garten der Schönheit. Das ganze Tal ist von ihrem Duft erfüllt, den der Wind zu dem Wanderer trägt. Er kommt von den Gletschern der Regionen des ewigen Eises, die eng das Tal umschließen, und Lilium regale an diesem einzigen Wildstandort auf der Welt festhalten.

Wilson fand die Königslilie zwischen niederem Gestrüpp, auch in lockerer Grasnarbe, ja sogar in Felsnischen, in denen sich durch Laubfall natürlicher Humus gebildet hat. Die Blütezeit der Lilien, sagt Wilson, ist in dieser Region die beste Reisezeit. Der Monsun hat dann noch nicht begonnen und die Wege sind fest und nicht so gefährlich wie im Herbst, zur Erntezeit der Zwiebeln.

Das Risiko der schmalen Pfade des Min-Tales lernte Wilson schmerzlich am eigenen Leibe kennen. Kurz nachdem er die heiß begehrte erste Zwiebel von Lilium regale ausgegraben hatte, wurde er von einem herabstürzenden Felsbrocken getroffen und erlitt einen doppelten Beinbruch. An eine Weiterarbeit war nicht mehr zu denken. Seine Begleiter schienten das Bein mit seinem Fotostativ und banden Wilson auf eine Bambustrage.

Der Transport ging unendlich langsam, jede Erschütterung erhöhte die qualvollen Schmerzen. Zu allem Unglück begegneten sie einer Trägerkolonne mit fünfzig Yak. Der schmale Steig ließ kein Ausweichen zu. So blieb keine andere Wahl, als den Verletzten auf der Trage quer zum Weg zu stellen und Yak nach Yak, Träger nach Träger stiegen über Wilson hinweg, der mit beiden Händen achtsam seine schönste tief weinrote, schuppige Zwiebel von Lilium regale umklammerte. Von dem Erlebnis blieb Wilson zeitlebens ein humpelnder Gang, sein »Liliengehumpel«, wie er es nannte.

Durch die wagemutige, zähe und sorgfältige Arbeit Wilsons war nun reichlich Ausgangsmaterial für die

Züchtung vorhanden. In Amerika, Holland, England und Deutschland begann man die neuen Lilien untereinander zu kreuzen. Meist waren es Liebhaber-Gärtner, weniger Fachspezialisten. Carl Feldmaier, Architekt, der Nestor der deutschen Lilienzüchter, gibt in seinem Lilienbuch originelle Hinweise: »Gerade bei den Lilien sind die Fortpflanzungsorgane groß genug, daß auch der Neuling (selbst wenn er dicke Finger hat) Kreuzungen ausführen und sich ›seine‹ Lilien selbst ziehen kann.«
Tatsächlich sind seit der Zeit, in der die Madonnenlilie beleidigt ihren Rückzug antrat, viele, viele tausende neuer Liliensorten entstanden. Relativ wenige haben sich als wuchskräftig und gartentüchtig erwiesen - doch genügt es, um unsere Gärten vom Juni bis Oktober zu verwandeln. Vor allem die von Jan de Graaf in Oregon gezüchteten Midcentury- und Oriental-Hybrids mit ihren schalenförmigen Sternblüten in allen gelb-orange Tönen haben sich die Welt erobert. Er war stets nicht nur ein guter Züchter, sondern auch ein glänzender Propagandist. Mittlerweile sind in seiner ehemaligen Heimat Nordholland große Anbaugebiete für Lilienzwiebeln entstanden: Eine »Liliade«, eine fast überdimensionierte dekorative Prachtschau dieser majestätischen Blumen wird jedes Jahr aufgebaut. Lange nicht alle Neuzüchtungen, die man dort sieht, sind in Holland entstanden - viele wurden von »den dicken Fingern« deutscher Liebhabergärtner gekreuzt. Die meisten Lilien kultiviert man als haltbare Schnittblumen, vergleichbar wenige Zwiebeln werden an Gartenbesitzer verkauft.

Schuppige Zwiebeln vertragen weder Druck von außen noch eine lange Lagerung. Je kürzer sie Licht und Luft ausgesetzt bleiben, desto besser fühlen sie sich behandelt.
Auf der Floriade 1982 in Amsterdam zeigten die holländischen Liliengärtner ihr ganzes Können. Jeweils etwa zwei Quadratmeter waren im Freiland einheitlich mit einer Sorte bepflanzt. Wie mit der Heckenschere geschnitten standen sie da: weiß - gelb - orange - rot. Ich mußte an die bunt berockten kaiserlichen Kürassiere denken, zur großen Parade angetreten mit blitzenden Helmen und funkelnden Epauletten. Es war eine herrscherliche Demonstration. Sehr männlich, sehr stolz. Wie hatten die Lilien ihr Erscheinungsbild verändert seit Wielands Zeiten. Er schrieb in seinem Oberon (1780):
»Denk dir ein Weib im reinsten Jugendlicht
nach einem Urbild von dort oben
aus Rosenglut und Lilienschnee gewoben.«

ORCHIDEEN

Bei einer Prüfung würden Orchideen ohne Zweifel den höchsten IQ des Pflanzenreiches erhalten. Sie sind die Jüngsten der jungen Pflanzenform der Einkeimblättrigen. Ihr Aufbau ist so zweckmäßig wie ein Haus von Walter Gropius, so schön wie ein Schloß von Balthasar Neumann und so farbig wie die Bilder Tizians oder Tintorettos. Sie gebrauchen ihre Intelligenz pragmatisch, aber Ästhetik war offenbar ein wichtiges Unterrichtsfach für sie.

Ihre Sonderbegabung als Chemiker und Architekten nutzen die Orchideen, die verschiedensten Farb- und Geruchsstoffe darzubieten, mit dem Hauptziel, Insekten zu versklaven, sie ihren erotischen Wünschen dienstbar zu machen. Sie sind ein Chor aus Femmes fatales des Pflanzenreiches. Hochmütig und raffiniert aufgemachte, arglistige Freibeuterinnen der sexuellen Sehnsüchte der Insekten, an dem Partner interessiert sie nur dessen Leistung für die eigene Person.

Zur Täuschung der tumberen Insekten ist den Orchideen fast jedes Mittel recht, wenn sie nur zu ihrem Ziel der Befruchtung und der Weitergabe des eigenen Pollens kommen - denn hinter allen ihren Manövern und perfekten Erfindungen steht die Sehnsucht nach Mutterschaft zum Überleben der Art.

Die ersten Beschreibungen der originellen Partnerschaft der Orchideen mit Insekten stießen auf das völlige Unverständnis von Fachwelt und Laien. Man hielt sie für »ein Hirngespinst alternder Lüstlinge« - obwohl Volksnamen wie »Bienenragwurz« oder »Hummelragwurz« belegen, daß die verblüffende Ähnlichkeit der Blüten mit Insekten längst beobachtet war. Die Botaniker hatten sie als Mimikri erklärt, z. B. bei Ophrys speculum, die eine Wespe simuliert. Welches Tier würde bewußt eine Wespe fressen? Seitdem man starke Mikroskope nützt, weiß man, daß auf der Lippe, dem typischen Kennzeichen aller Orchideen und Landeplatz der Insekten, die Härchen genau so groß, gefärbt und angeordnet sind wie bei den weiblichen Wespen, daß sie den gleichen Duft verströmen wie das Wespenweibchen zur Paarungszeit. Ophrys speculum nutzt den Paarungstrieb der Wespenmännchen, indem sie in Farbe, Form und Duft die Weibchen so vollendet nachbildet, daß die Männchen sie liebestoll begatten wollen und in ihrem Ungestüm zur Erhaltung nicht der eigenen Art, sondern der Ophrys beitragen.

Es gibt Legionen solch mimetischer Orchideen, wie es Legionen Fallstricke und Fallkrüge bildende Blüten dieser Gattung gibt. Immer ist Nektar, an einem Ort dargeboten, der nur ein oder zwei Insektenarten erreichbar ist, der Preis. Der so wenigen Sklaven zugängliche Aufenthaltsort sichert, daß die gleichen Insekten immer die gleichen Orchideenarten besuchen, damit der aufgeladene Pollen an der passenden Adresse abgeliefert wird.

Orchideensamen ist fast ohne Aus-

Phalaenopsis-Hybride »Hokuspokus«

nahme sehr fein, dafür verschwenderisch zahlreich. Eine einzige Acropea produziert vierundsiebzig Millionen Samen und vertraut ihn dem Wind an. Viele tropische Arten wohnen als »Kinder der Luft« epiphytisch auf modernden Baumstümpfen oder in Astgabeln der Bäume, in denen sich durch Laubfall natürlicher Humus bildet. Wenn der Wind die federleichten Samen abgelegt hat, so ist dieser zu schwach, das Embryo mit Nährstoffen zu versorgen, eine Amme muß her - Bedienung, Bedienung für das verwöhnte Geschlecht. Die Jungpflanze wächst nur in Gemeinschaft mit einem Pilz, der sie nährt - allerdings nur so lange, bis sie stark genug ist, die Nahrung selbst aufzunehmen und zu verarbeiten. Der Pilz versucht die Orchidee, sowie sie groß genug ist, seinerseits als Wirtspflanze zu betrachten und sich von ihr ernähren zu lassen. Dagegen schützt sie sich, indem sie ihre Wurzeln zu Bulben verdickt, in denen sie die Nährstoffe speichert und die von dem Pilz schwerer zu bestehlen sind als zarte Wurzeln.

Den Menschen heute ist es schwer nachvollziehbar, welches Staunen die Begegnung mit der Wunderwelt der tropischen Orchideen vor rund einhundertfünfzig Jahren hervorrief. Zunächst nur langsam, zögernd, durch Sammler, Schiffskapitäne, Botaniker verbreitete sich die Kunde. Die ersten Bücher über tropische Orchideen, von Max Bauer und Lindley waren durch ihre farbigen Abbildungen so teuer, daß nur königliche Bibliotheken und Akademien sie sich leisten konnten. Aber was kosteten erst die von Geheimnis umwobenen Pflanzen, die man nie blühen hatte sehen, die aber eine dämonische Anziehungskraft ausübten. Bateman schrieb in seinem Werk über Orchideen: »Sie hausen wie Zauberinnen einer dunklen Zeit, als bewegliche Schlangen in den Farben des Regenbogens und des Feuers gekleidet, als Pflanzen-Epiphyten, welche die alten grauen Stämme der Urwälder mit ihren tausend und aber tausend Armen umschlingen und mit ihren zuckenden, dämonischen Blitzen umleuchten.«

Solche Berichte setzten viele Abenteurer in Marsch, die oft brutal und rücksichtslos vorgingen, um in den Besitz der Pflanzen zu kommen. Sie lieferten sich Feuergefechte und zerstörten alles, was ihnen im Weg war. Aber die Natur wehrte sich. So fand Skinner in Honduras ein Epidendrum, dessen hohle Blütenstiele von der Bevölkerung zu Flöten umgebaut wurden. Lange hatte er diese schon gekannt, aber niemals zuvor die Orchidee blühen sehen. Als er endlich die Gesuchte fand, mußte er sie im Urwald zurücklassen, denn aus ihren alten hohlen Knollen brach ein Heer wütender Riesenameisen gegen ihn auf und schlug ihn in Kürze mit Stichen und Gift als kampfunfähigen Helden in die Flucht.

Doch je mehr tropische Orchideen nach Europa kamen, desto begehrter wurden sie. Die jungen Industriekapitäne, allen voran Bosch und Borsig, bauten Glaspaläste, Tempeln gleich, für die exotischen Schönen. Alle wollten sie sehen, wer es irgend bezahlen konnte, wollte sie haben. Sie wurden zum Gesprächsthema der Salons, zum Standessymbol. Das Problem für Europa war, zusammen mit den Orchideen auch die Kenntnis ihrer Temperatur- und Wachstumsansprüche am Wildstandort zu erhalten. Viele der unter so komplizierten Bedingungen erkämpften und transportierten tropischen Pflanzen gingen, endlich für sehr viel Geld in die Hände ihrer neuen Besitzer gekommen, rasch ein. Die Vermehrung durch Samen glückte erst, als man ihr Leben in Symbiose mit Pilzen erkannte und gärtnerisch nachvollzog.

Aber es gibt nicht nur tropische Orchideen. Die jugendliche Pflanzenfamilie hat sich an grundverschiedene Wachstumsbedingungen auf der ganzen Welt angepaßt. Sie besiedelt die nördliche und die südliche Hemisphäre zu den Polen hin bis zur Grenze des pflanzlichen Lebens. Die Germanen verehrten in ihnen ebenso ein Symbol sexueller Kraft wie Griechen und Azteken. Fast alle Volksnamen für die einheimischen, terristischen Orchideen haben einen erotischen Hintergrund und man könnte mit ihrer Aufzählung ein ganzes Schmunzellexikon füllen.

In der Frühzeit der chinesischen Kultur lebten die Menschen in gleichgeschlechtlichen Gemeinschaften und trafen sich im Frühling und Herbst zu großen kultischen Massenkopulationen. Nach dem »Buch der Lieder« 1500 v. Chr. aufgezeichnet, trugen Frauen zu diesen Feiern die Hüften mit Orchideenblüten umkränzt. Da in allen mir bekannten Kulturkreisen die Orchideen ein eindeutiges sexuelles Symbol sind und ich von diesen rituellen Feiern in China wußte, war ich überrascht, in Peking Orchideen als hohes Zeichen der Bescheidenheit und Freundschaft vorgestellt zu bekommen. Man sagte: »Sie blüht allein auf den Wiesen der hohen Berge im Gras, wie ein Adliger unter den Gemeinen. Sie sendet ihren Duft aus und fragt nicht, ob ihn jemand wahrnimmt.«
Ich fand dies zwar einleuchtend, aber es paßte nicht in das Bild, das mir weltweit von dieser Blume entgegengeleuchtet hatte. Ich blieb zäh. Die chinesische Schrift ist eine Bilderschrift, fast jedes Zeichen ist aus verschiedenen Charakteren zusammengesetzt, jeder einzelne hat seine Bedeutung, die oft Rückschlüsse auf den Hintergrund des ganzen Bildes zulassen. Ich fragte nach dem chinesischen Schriftzeichen für Orchidee - »oh«, sagte man, »es setzt sich aus drei Zeichen zusammen, das ist nicht wichtig«. Ich fragte weiter. Endlich übersetzte mir jemand, leicht gelangweilt, die drei Teilzeichen. Sie lauten: Blüte - Tor - Einladung.

CHRYSANTHEMEN

Europa kannte sie lange, bevor es Chrysanthemen in Wirklichkeit geschaut - von der Seide Chinas, von seinen Porzellanen, seinen Rollbildern - und aus den Erzählungen der Matrosen von »Fräulein Chrysantheme«. Warum es so lange dauerte, bis der Westen endlich 1820 ihre wirkliche Gestalt sehen durfte, lange nach den Kamelien, den immerblühenden Rosen, den Glycinien und anderen asiatischen Blumen, das weiß heute niemand mehr zu sagen. Man hatte sie erwartet, die Blumen, deren zu Ehren das ganze Volk des Reiches der Mitte am neunten Tag des neunten Monats des chinesischen Mondkalenders einen Feiertag begeht. Dann wandern alle in die Berge, die klare Sicht zu genießen, man hat, heute wie früher, einen großen Picknickkorb dabei und trinkt fröhlich zu Ehren des Chrysanthemen-Geburtstags Wein, den man mit ihren Blütenblättern würzt und manchmal ein Jahr zuvor schon angesetzt hat. Dazu erntete man zur Blütezeit Laub und junge Seitentriebe und setzte sie mit klebrigem Reis zum Fermentieren an.

Ein erster Versuch, eine winzige gelbe pomponblütige Wildform, vermutlich Chrysanthemum boreale, in Kew Garden 1793 heimisch zu machen, scheiterte. Auch meine gärtnerische Kunst hat an dieser Blume versagt, der es offenbar bei uns im Winter zu feucht ist. Der Name »boreale« deutet auf eine Herkunft aus dem Norden und tatsächlich fand ich sie im Herbst überall im nördlichen China blühend, selbst in unwirtlichen Gebieten mit nur 150 frostfreien Tagen im Jahr und ständigem starken Wind.

Es ist seltsam, daß diese kleinen, fast unscheinbaren Wildblumen vor ihren großen, prächtigen Verwandten nach England kamen. Linné hatte jene Prachtblumen 1753 nach einem Herbar-Bogen »Chrysanthemum indicum« benannt, nachdem der Botaniker Breyn sie 1678 in Danzig unter diesem Namen in einem exotischer Flora gewidmeten Buch vorgestellt hatte. Er wußte, daß sie aus dem südlichen Asien kamen und China war ihm ebenso fern wie Indien. Auch dem klugen und gelehrten Linné sind viele ähnliche geographische Irrtümer unterlaufen.

Chrysanthemum indicum, wie es uns heute begegnet, ist keine reine Art mehr, sondern das Ergebnis einer mehr als zweitausendjährigen züchterischen Bearbeitung in China und Japan, bei der das gelb blühende Chrysanthemum indicum mit dem ebenso wild in China wachsenden Chrysanthemum morifolium gekreuzt wurde, das purpur-violette Farbtöne und die Neigung zu gefülltem Blühen einbrachte. Viele glauben, trotz wechselnden Modegeschmacks bei Blumen, daß die Chrysanthemen das wichtigste Blumengeschenk Chinas an die übrige Welt seien.

Nach Japan waren sie schon früh gebracht worden. Im »Land der

Chrysanthemum Indicum-Hybride

aufgehenden Sonne« hatte es im Jahr 900 unter der Schirmherrschaft des Mikado die erste Chrysanthemenschau gegeben und rund 200 Jahre später erhob das japanische Kaiserhaus die sechzehnstrahlige »Kiku« zum Wappen des Landes.

Die Eltern dieser asiatischen Pracht-Chrysanthemen sind alle aus den wärmeren Gebieten um den Yangtze und südlich davon. Sie wachsen dort auf durchlässigen sandigen, von Steinen durchsetzten Lehmböden und die Chinesen sagen, daß diese Pflanzen sehr alt werden können. Gleich dem Kranich und der Kiefer wurden Chrysanthemen zu einem Symbol des langen Lebens, und werden auch heute noch als Medizin dafür genutzt. Das Temperament dieser Blumen ist ruhig und gelassen, Eigenschaften, die dem Chinesen gute Voraussetzungen für die Erreichung eines hohen Alters sind.

Erst wenn die Tage wesentlich kürzer werden, wenn die Bienen längst honigsatt sind, wenn alles in der Natur sich zur Winterruhe rüstet, beginnt die natürliche Blütezeit als Symbol des Sieges über den Niedergang. Die Botaniker nennen sie »Kurztagspflanzen«. Ihr Umstimmungsreiz vom vegetativen zum generativen Wachstum, von Längenwuchs zur Anlage von Blüten setzt ein, wenn die Tage nicht länger als zehn Stunden sind. Botanisch genau gesagt, wenn die »Bürgerlichen Dämmerungen« des Morgens und des Abends, wenn das Licht zwischen 100 und 1000 Lux beträgt, zehn Stunden voneinander liegen. Chrysanthemen haben ihren Tagesrhythmus so exakt geordnet wie ehemals die preußischen Beamten. Aber gerade die Abhängigkeit dieser Blume von einem so genauen Lebensrhythmus macht sie, erst einmal von den Menschen erkannt, völlig manipulierbar in der Hand der Gärtner.

Um 1955 wurden die ersten Versuche bekannt, durch Verdunkelung mit Folie oder schwarzen Tüchern das Tageslicht den Chrysanthemen zu verkürzen und damit den Blühreiz auszulösen. Wir waren so fasziniert von diesem gärtnerischen Abenteuer, daß es überhaupt keine Frage für uns war, es im gleichen Jahr zu versuchen. Und es gelang. In unserem Garten hatten wir über ein Beet ein primitives, klappriges, windgefährdetes Holzgestell aus Trümmerteilen vom letzten Krieg gebaut, über das wir gemeinsam jeden Nachmittag um 17 Uhr ab Anfang Juli eine schwere schwarze Plane rollten, um sie vierzehn Stunden später wieder aufzuzurren. Unsere größte Sorge galt abendlichen und nächtlichen Gewittern; es fiel uns jedesmal ein Stein vom Herzen, wenn wir in den Garten kamen und der primitive Selbstbau stand noch. Unser Stolz ist schwer zu beschreiben, mit dem wir Mitte September, auf den Dachständer unseres Borgward Isabella gebunden, die ersten Kurztags-Chrysanthemen Frankfurts durch die Stadt in

unseren Blumenladen fuhren. Der Erfolg verblüffte uns ebenso wie unsere Kunden und Mitarbeiter.
Längst haben wir diese ersten sportlichen Versuche aufgegeben, denn schnell entwickelten sich aus der Kenntnis der raschen Produzierbarkeit regelrechte Chrysanthemen-Industrien, in denen, komputergesteuert, jedes Jahr bis zu einer Million meist kleinblumige, verzweigte Schnittstiele gezogen werden, kaum daß man einen Gärtner in den riesigen Glashallen sieht.

Da Chrysanthemen für ihr Längenwachstum hohe Lichtintensität brauchen, haben diese Betriebe fast alle Filialen in Äquatornähe, wo die Mutterpflanzen zur Vermehrung stehen. Im Alter von wenigen Wochen reisen die bewurzelten Stecklinge im Flugzeug nach Europa. Die vorzügliche Haltbarkeit in der Vase, ihre leichte Manipulierbarkeit und die relativ noch günstigen Produktionskosten haben sie seit etwa zehn Jahren zu der Blume werden lassen, die immer präsent ist. Das Symbol des Herbstes, das sie in China noch heute ist und das Symbol der Totenfeste, das sie bei uns lange war, haben ihr die Züchter gründlich genommen, indem sie ihre Formen und Farben so veränderten, daß sie im Frühling und Sommer wie Blumen der Jahreszeit wirken. Lediglich der unverwechselbare Duft, den vor allem ihr Laub verströmt, blieb ihnen. Es gibt jetzt viele margarithenförmige oder solche, bei denen sich die Blütenblätter zu schlanken Röhren schließen oder sich wie Löffelchen dem Betrachter entgegenrecken. Die Chrysanthemen sind dankbare Objekte der Züchtung, da sie von Natur aus zu Mutationen neigen, die Gärtner nennen das »Sport«. Gelegentlich kann man Blüten finden, die zur Hälfte gelb, zur anderen Hälfte weiß sind oder es blühen zwei ganz verschieden gefärbte Blumen an der gleichen Pflanze. In China, mit seiner Lust am lebhaft Bunten, liest man solche Typen bewußt zur Vermehrung aus. Diese geschecktten Blumen heißen dort »die zwei Töchter eines alten Mannes«.

Bei Chrysanthemen geht der Befruchtungsvorgang nicht schnell vonstatten; das ruhige, gelassene Temperament der Pflanze wird auch dabei nicht hektisch. Die Bildung des Pollenschlauchs dauert ganz ungewöhnlich lange. Bei den Versuchen, diesen Vorgang zu beschleunigen, fanden Botaniker, daß das männliche Geschlechtshormon Testosteron von großer Wirksamkeit auf die Chrysanthemen ist. Wie merkwürdig uns oft die natürlichsten Dinge erscheinen.
Die klassische Ballform haben die Blüten ganz verloren, die manchmal, vor allem in den zwanziger Jahren bei uns, als die Chrysanthemen Modeblumen waren, so groß

waren, daß sie nicht in einen Männerhut paßten. Es gibt viel Ärger mit solchen Riesen. Die Verankerung von bis zu tausend Blütenblättern auf einem nur etwa 1,5 cm großen Blütenboden, von dem aus sie mit Nahrung versorgt werden und durch den sie ihre Stoffwechselprodukte zurückleiten, ist zwar eine technische Meisterleistung der Natur, aber auch eine sehr fragile Konstruktion. Wird durch Druck oder Stoß die Ordnung gestört und nur ein Blütenblatt fällt aus, so rieseln die anderen fast unrettbar nach, es sei denn, man »klebt« die Unfallstelle schnell mit einem Tropfen Wachs. Dieses Ausrieseln hat nichts mit der Frische der Blumen zu tun, es kann schon bei der noch halbgeschlossenen Blüte passieren, wenn der Gärtner ungeschickt durch sein Gewächshaus geht.

Die große Familie der Korbblütler, zu denen die Chrysanthemen gehören, ist eine junge Familie, für die Botaniker »von vorgestern«, gerade dreißig Millionen Jahre alt. Was unseren Augen wie eine einzige Blume erscheint, sind in Wirklichkeit Hunderte von kleinen Einzelblüten, die miteinander auf dem Blütenboden verankert sind, Blütchen neben Blütchen, umkränzt von einer Krone aus Blütenblättern. Diesen raffiniert gegen Selbstbestäubung gesicherten Prototyp hat die Natur, einmal gefunden, unzählig oft variiert. Immer haben Korbblütler ein Gesicht, das den Betrachter ansieht. Sie sind deshalb fotogener als jede andere Blume. Fast alle bunten Sträuße gewinnen durch sie sofort Gestalt.

Oft kommt es mir seltsam vor, daß meine Lieblingsblumen, die Margarithen, die Schwestern der chinesischen Pracht-Chrysanthemen sind. Aber Familienmitglieder sind halt unterschiedlich. Hätten wir uns zweitausend Jahre mit der züchterischen Veränderung und Auslese unserer Wiesenmargarithen befaßt, wer weiß, wie sie heute aussehen würden.

Von der kurzen Zeit der Kulturrevolution abgesehen, in der allein in Peking über zweitausend Chrysanthemensorten unwiderbringlich ausgerottet wurden, hat man in China seit Konfuzius viel Interesse und Liebe den Chrysanthemen entgegengebracht. Auf der einen Seite sucht man skurile Blütenformen, auf der anderen Seite höchst ungewöhnlichen Wuchshabitus zu erzielen. Ein einziges Mal im Leben eine der großen Chrysanthemen-Schauen zu sehen, ist das Traumziel vieler Chinesen. In Hongkong wird im Ocean-Park jedes Jahr von Mitte November an für etwa vier Wochen ein solches Spektakel aufgebaut. Die verschiedensten Gartenbauverwaltungen ganz Chinas liefern dafür Pflanzen, besser gesagt Skulpturen. In ähnlicher Weise, in der man in England und Holland mit der Schere aus Eibe oder Buchs Vögel, Löwen oder springende Hirsche formt, schneidet man in China aus kleinblumigen Pomponchrysanthemen die seltsamsten

Gebilde- aus einem Kübel springen Schimmel mit rotem Blütensattel, neun Meter lange gelbe Drachen wachsen aus drei Töpfen zusammen, um am Abend noch mit bunten Lämpchen illuminiert zu werden.

Kaskadenförmig abfließend gezogene Pflanzen werden so zusammengestellt, daß vielfarbige, bis vier Meter hohe Springbrunnen entstehen, manche bunt durcheinander gemischt, wie das Flimmern von Wassertropfen in der Sonne, andere streng geometrisch gereiht. Einige hundert ganz verschiedene Skulpturen werden aus einigen tausend Töpfen aufgebaut. Ich fand absolut regelmäßig gewachsene runde Kuppeln, die aus einer Pflanze mit fünfhundert dikken ballförmigen Blumen blühten. Um ihre statischen Schwierigkeiten zu beheben, war jeder einzelne Stiel mit einem Bambusstab gestützt, der in einem separaten Topf verankert war. Nun endlich konnte ich mir erklären, was ich Wochen zuvor in einer Gärtnerei gesehen hatte und was mir wie ein grüner Tausendfüßler auf Holzbeinen vorgekommen war.

Zum erstenmal sah ich die in China heimische Gärtner-Kunst, Chrysanthemenaugen auf völlig andere Pflanzen, Artemisia apiacea zu okulieren. So entstehen Gebilde wie Weihnachtsbäume, jede Etage blüht in einer anderen Farbe. Oder sehr alte Chrysanthemen-Bonsai mit winzigen Blüten - fast alles in ungewöhnlichen, glasierten Töpfen aufgebaut, die die Schönheit der Pflanzen ganz anders zur Geltung bringen als Plastikeimer.

Eine besondere Freude sind für mich immer wieder die poetischen Namen: »Wildgänse fliegen am Himmel« heißt eine kleinblumige, beigefarbene Sorte, »Niedergelassener Perlenvorhang« in zart lachs, mit dünnen, stark herabhängenden geröhrten Blumenblättern, deren Enden sich aufrollen, »Himmel voller Sterne« für eine gelbe pomponblütige Chrysantheme. Wenn ich die Namen las, dann war ich trotz bunter Lämpchen und Discorhythmen eintausendfünfhundert Jahre zurück, im Garten des Gelehrten Tao Yuanming, der sich weigerte, als Beamter »für fünf Scheffel Reis am Tag den Buckel krumm zu machen« und sich freiwillig in seine Bergheimat zurückzog, in Häuschen, Feld und Garten.

Seine Gedichte, die seitdem viele Generationen chinesischer Schüler auswendig lernten, haben diesen Garten und seine Chrysanthemen berühmt gemacht. So wurden sie seit Tao Yuanming zum Symbol des einfachen Lebens in selbstgewählter Abgeschiedenheit.

»Wenn das Herz sich entfernt hat
dann folgt der Ort ihm nach.
Am Zaun im Osten pflücke ich Chrysanthemen
und betrachte die fernen Gipfel im Süden.«

BLUMEN UND ZEITEN

Nichts kann das stille, stetige Wandern des Frühlings aufhalten, nichts seine Eroberungslust bremsen. Blühen gerade noch die Helleborus, die wegen ihrer frühesten Sorte Christrosen genannt werden, so ist der richtige Frühling mit Narzissen, Tulpen, Flieder und Freesien nur noch wenige Wochen entfernt. Viele der schönsten Frühlingsblüher kommen aus Asien: die Kamelie, die Zierkirschen, Magnolien, die Ranunkel und der Jasmin. Die Tage der Rosen werden wieder kommen. Sie werden den fröhlichen Frühling ablösen und im zarten Rosa seine Lieblingsfarbe hinübernehmen in die kommenden Monate. Der Phlox wird blühen und die Staudenwicken, Salvie und Veronika ihre schlanken Rispen wie Pfeile heben. Erste Früchte reifen an Bäumen und Sträuchern, während der Kürbis noch kräftige Spiralen dreht, an Zweigen seine Kalebassen aufzuhängen. In leisen, fernen Tönen klingt schon ein Ahnen von Herbst, im Bronze von Helenium, den leicht entfärbten Blättern der Akelei, und legt sich wie ein Hauch mit dem lila Strandflieder über den vollen Strauß. Dasselbe Gefäß trägt die Blumen der vier Jahreszeiten, wie auch der Gartenraum sich in allen Monaten mit ganz verschiedenen Farben schmückt.

Nachdem die Arbeit des Sommers getan ist, leistet sich das reife Land ein Furioso der Farben und Formen. Noch duften die letzten Rosen, da zeigen Astern und Rudbekien den Herbst an. Die Eicheln reifen, und in den Kleingärten locken die Pflaumen und die Brombeeren zum Nachbarschaftsbesuch. Die Feldraine sind übersät mit den verwilderten Goldruten, die Amerika uns schenkte, genau wie die kleinen Sanvitalien, die Schöngesichte und Tagetes, die im Frühling als Samen in die Erde gelegt wurden. Und die Chrysanthemen sagen, daß der Winter kommt, wie der Frühling kam, daß er den vollen Korb ausleeren wird, der dann ein wenig verstaubt in der Ecke den neuen Gartensommer erwarten darf.

»Blumen sind die schönen Worte und Hieroglyphen der Natur, mit denen sie uns andeutet, wie lieb sie uns hat« (Goethe).

Herbstkorb mit Sanvitalia procumbens, Aster amellus »Anton Kippenberg«, Rudbeckia hirta »Marmalada«, Salvia farinacea »Catima«, Phlox paniculata »Sternhimmel«

Aigremont
Volkserotik und Pflanzenwelt.
Reprint Darmstadt 1971

Mea Allan
Plants that Changed our Garden.
London 1974

A.W. Anderson
The Coming of the Flowers. London 1951

Friedrich G. Barth
Biologie einer Begegnung. Stuttgart 1982

Hellmut Baumann
Die griechische Pflanzenwelt.
München 1982

Z.P. Botschantzeva
Tulips. Rotterdam 1982

E.A. Bowles
A Handbook of Crocus and Colchicum.
Toronto 1952

H. von Bronsart
Aus dem Reich der Blumen. Dresden 1934

Alice M. Coats
Flowers and their Histories.
London 1956

Alice M. Coats
Garden Shrubs and their Histories.
London 1963

Peter Coats
Flowers in History. New York 1970

Nelson Coon
The Complete Book of Violets.
Cranbury, N.J. 1977

J.H. Dierbach
Flora Mythologica. Wiesbaden o.J.
Reprint 1970

Bertha S. Dodge
Plants that Changed the World.
London 1959

Fritz Martin Engel
Zauberpflanzen — Pflanzenzauber.
Hannover 1978

Carl Feldmaier
Die Neuen Lilien. Stuttgart 1967

Karl Foerster
Das Blumenzwiebelbuch. Berlin 1939

R.H. Francé
Die Pflanze als Erfinder. Stuttgart 1920

J.B. Friedreich
Die Symbolik und Mythologie der Natur.
Würzburg 1859

G.W. Geßmann
Die Pflanze im Zauberglauben. Berlin 1922

Christian Grunert
Das große Blumenzwiebelbuch.
Berlin-Ost 1968

Hadfield/Harling/Highton
British Gardeners. London 1980

Victor Hehn
Kulturpflanzen und Haustiere in ihrem
Übergang aus Asien nach Griechenland
und Italien sowie in das übrige Europa.
Berlin 1894

Richard von Helmhorst
Neueste Blumensprache. Nordhausen 1832

Fritz Köhlein und Peter Werckmeister
Iris. Stuttgart 1981

Marie Luise Kreuter
Nimm Rosen zum Dessert. Genf 1976

The Language of Flowers
London o.J. (Milner & Comp. Ltd.)

Brendan Lehane
Macht und Geheimnis der Pflanzen.
Frankfurt 1978

Harald Othmar Lenz
Botanik der alten Griechen und Römer.
Schnepfenthal 1859

Tom Lodewijk
The Book of Tulips. London 1979

Anthony S. Mercatante
Der magische Garten. Zürich 1981

Karl Heinrich Meyer
Gefährten des Gartenjahres.
Hamburg — Berlin o.J.

Sean Morris und Bastiaan Meeuse
Blumen-Liebe. Köln 1984

Gerda Nissen
Alte Rosen. Heide 1984

Jean M. Pelt
Das Leben der Pflanzen.
Düsseldorf — Wien 1982

H. Rehling und P. Brohmer
Unsere Pflanzen in Sage, Geschichte
und Dichtung. Dresden 1922

Kurt Georg Schauer
Rosen und Tulipan, Lilien und Safran.
Frankfurt 1947

Richard E. Schultes und Albert Hofmann
Pflanzen der Götter.
Bern und Stuttgart 1980

M. von Strantz
Die Blumen in Sage und Geschichte.
Berlin 1875

Tyler Whittle
Pflanzenjäger. München 1971

Julius Wilde
Kulturgeschichte der Sträucher und
Stauden. Speyer 1947

Aug. Wünsche
Die Pflanzenfabeln in der Weltliteratur.
Leipzig und Wien 1905

Michael Zohary
Pflanzen der Bibel. Stuttgart 1983